谨以此书献给

攀登世界之巅珠穆朗玛的登山家们

守护着我们地球家园的自然摄影师们

在本书《世界之巅　西藏珠穆朗玛峰生物多样性观测手册》完成编辑并将付印之际，惊闻绿绒蒿研究国际知名学者、植物摄影师、日本绿绒蒿协会会长吉田外司夫先生已于近日不幸仙逝。先生30余年来，独自一人探索喜马拉雅山脉南北坡及横断山脉区域，陆续出版《喜马拉雅植物大图鉴》《绿绒蒿大图鉴》等巨著，他卓越的科学和探知精神值得我们学习。

感谢吉田外司夫先生曾给予《世界之巅　西藏珠穆朗玛峰生物多样性观测手册》的学术意见与支持，并为本书撰写推荐语。谨以此书献给吉田外司夫先生！

丛书编委会	吴雨初　李清霞　罗浩　刘渝宏　彭建生　刘可　沈鹏飞
主编	罗浩
策划	西藏生物多样性保护机构（TBIC）
序言撰写	尼玛次仁
后记撰写	苏洪宇
图片摄影	刘渝宏　彭建生　董磊　徐波　余天一　陈尽　熊娟　次仁桑珠
	扎西平措　扎西次仁　格桑占堆　达瓦桑布　吴为　陈俊池
	刘康明　耿栋　潘华鹏
内容撰稿	江冲　冷林蔚　陈尽　李直　次仁桑珠　扎西平措
专业审读	张巍巍　冯利民　牛洋　阙品甲
图片编辑	罗浩
TBIC 项目主管	李银素
插画师	李聪颖　郭牛

序言

数次登顶8000米峰顶后，我逐渐意识到，当我再次站在雪山脚下时，我仅仅是以登山者的身份去面对她已有些不够了。就如同在西藏登山学校（现改名为西藏拉萨喜马拉雅登山向导学校）后期，我越来越希望教给孩子们登山技能以外的东西。这种不满足感从何而来一直困扰着我，我甚至担心它会侵蚀自己对山的热爱。是生于斯长于斯而导致的那种熟悉的陌生感？还是建立在人与高原山水间的关系太过天然和日常，以至于遮蔽了雪山世界理应丰富的层面？

狭义的登山，更关注登山者的攀登过程和结果。在被问及攀登海拔7000米以上的极高峰过程中与哪些高山动植物发生了接触，又有哪些见闻时，我通常会挖空回忆而无所获，我只记得曾在珠峰之巅拍到过一只模糊的鸟影。就算如此，提问者那难以言表的兴奋神情已告诉我——他们对世界之巅的想象与我是何等不同。事实上，与珠峰登山史相伴随的中外科学考察活动从未间断过，只是相对于纯商业登山而言，珠峰科考登山较少成为热门话题而已。从人类行为的广阔视角去观察，包含探险运动、科考、文化解读以及自然认知等在内的登山行为总集，才是打开世界之巅正确的金钥匙。我想，这也是我一直追读这套丛书，并有幸获邀为本书作序的真正原因吧。基于此，我乐意甚至勇于接受丛书主编罗浩的美意，希望以自己活跃于珠峰区域的藏族登山者身份，以我的文化认知和个人感受，从"在地"的解读视角为此套丛书叫好和增色。

回顾每次登山前往珠峰大本营的过程中，途经珠峰东坡下的嘎玛沟、卓奥友西侧的绒布沟时，一路花草茁壮而异彩纷呈的生机既令人印象深刻，也越发增强藏族人习惯思维中山的神圣性和永续特质。

然而，可贵的是这种被持续强化和提升的人地关系，仍在这片高天厚土之上被直观和感性地遵循与实践。绝大多数藏族人仍需依此观念去建构自己当下的人地关系和生存原则。所以这是一种活着的、行动着的文化认同。对于太多已然人地失衡的地区和城市而言，这才是所谓的价值和智慧所在吧。而本书历时近10年持续推进，无疑是阐释喜马拉雅生物多样性之意义的最佳实践。因为在众多关于喜马拉雅的出版物之中，本书所选取的众生和平视角度，是最关乎我们自身也最值得珍视的真实基点。

登山是一种具有启示性的人类行为，而非单纯的个体意志体现，如同各生物之间从来都是唇齿相依。谨以代序，请继续！

西藏登山协会名誉主席　尼玛次仁

Preface

After climbing several 8,000-meter peaks, I gradually realized that oncestanding at the foot of snow mountains again, it was not enough for me to face them just as a climber. Just like later days,whenI was at the Tibet Mountaineering School, I felt it is not enough to just teach the children mountaineering techniques. I have been wondering from whence this dissatisfaction came. I even worried that it would erode my passion for mountains. Was it the familiar strangeness caused by being born and raised here? Or the relationship between Tibetan people, the mountains and waters of the plateau was so natural and mundane that it obscured the richness of snow mountains world?

Mountaineering in its narrow sense emphasizes the process and result of climbing. When asked about my experience with the fauna and flora from my expeditions to extremely high peaks (above 7,000 m), I usually struggle with the blurry memory. I only remember taking a blurred snapshot of a bird on the top of Mount Qomolangma. Even so, the indescribable excitement on these people's faces told me how unique and intense their imagination about the world's tallest summit was different from mine. In fact, Chinese and international scientific investigations have always been ongoing throughout the climbing history of Mount Qomolangma. Comparing with commercial mountaineering, these scientific projects are often less mentioned. From a broad perspective of human behavior, mountaineering as a whole, including exploration, scientific research, interpretation of cultures, and perception of the nature, is one of the gold key to open the top of the world. I think that is truly the reason that I read this series and been invited to preface forthis book. Based on this, I am willing and even audacious to accept the invitation from Mr. Luo Hao, the chief editor of this series. I hope that my identity as a

Tibetan mountaineer active in the Mount Qomolangma region, with my cultural perception and personal affection, can contribute the "local" interpretation, which will fulfill and enhance this series.

Looking back at the trips to the base camp, such as Karma Valley at the east face of Mount Qomolangma, and Rongbuk Valley on the west side of Cho-Oyu, the vigorous and brilliant vitality of flowers and plants along the way are always impressive. It intensifies the mountains' sacredness and sustainability in Tibetan people's conventional thinking.

The beauty of this continuously strengthened and elevated human-land relationship is still respected and practiced intuitively and emotionally on this plateau. Most Tibetans still need to construct their current human-land relationship and principles according to this concept. So it is a living and moving cultural identity. This is probably the value and wisdom needed by many regions and cities that already lost the balance between their population and land. This series which took about 10 years' effort, is undoubtedly the best practice of explaining the significance of biodiversityin Himalayas. Among the numerous publications about Himalayas, this series offer an equal perspective with all living things, which is the most relevant and valuable footing for us.

Mountaineering is a kind of enlightening human behavior rather than a simple realization of individual will, just as all beings are interdependent.

This is the humble preface. Please carry on.

Nyima Tsering, Honorary Chairman,
Tibet Mountaineering Association

登山者的故事

我叫次仁桑珠

我叫次仁桑珠，西藏拉萨喜马拉雅登山向导学校的校长，出生在西藏芒康县的盐井镇。1999年，也就是我16岁那年，我爸爸把我送到拉萨，进入了当时刚刚成立的西藏登山学校，成为学校的第一批学生。那个时候，我对于"登山"是怎么回事其实并不了解，吸引我的是登山运动中的"运动"二字。我在学校里最喜欢的课就是体育课，一上文化课就头大。

我带着对登山运动懵懂的期待开始了学习生活，但是一入学，语言不通的问题就给了我当头一棒。登山学校第一批20个学生里，只有我一个人来自康巴地区，我的康巴方言同学们都听不懂，我们只能用有限的汉语勉强交流。而且在学校里，我们要两人一组轮流做饭，这对在家里连碗都没洗过的我来说实在是个难题，最开始我做出来的饭菜根本没人吃。好容易适应了学校的日常生活，到了2000年，我们学校与法国国家登山滑雪学校签署了以技术交流为主的合作协议，两位法国外教来到学校，担任攀登教练。他们不仅带来了高水平的登山技术和先进的理念，而且他们对于登山运动的严谨态度，也深深地影响和触动了我。就这样，经过两年的"魔鬼训练"，2001年，我以优异的成绩从学校毕业了。2004年，我又和几个同学两次远赴现代登山运动的发源地——法国霞慕尼小镇，接受专业的登山培训。

2005年下半年，我被西藏登山学校当时的校长尼玛次仁安排在中国登山协会的培训部实习，这段时间里，我不仅收获了大量的培训经验，思维和表达能力也得到了很大提高，内向的性格慢慢变得开朗，也开始乐意与人沟通了。

2007年5月，北京奥运火炬接力珠峰传递测试活动举行，我主动请缨，出任了B组的攀登队长，担当从海拔7028米到8300米的运输、选营和建营的工作。没想到在完成8300米的建营任务后，又下到6500米的前进营地等待机会冲顶时，我突然开始剧烈胃痛，口吐鲜血。我原本想忍一忍，扛过去，谁知病情却越来越重，直到第五天，队友们担心我发生意外，报告了总指挥，我才被劝回了大本营，继而被连夜送往拉萨抢救。因为这次突发的胃病，我从2008年北京奥运火炬接力珠峰传递活动的名单中落选了。我非常不甘心，又反复争取，最终，我作为中央电视台的高山摄像登顶珠峰，在举世瞩目的北京奥运火炬接力珠峰传递活动中留下了自己的身影。这次活动可以说是我登山生涯中的高光时刻，必将在我的生命中留下永远的烙印。

2009年5月，我担任西藏圣山登山探险服务有限公司（以下简称圣山公司）的珠峰登山总指挥。圣山公司成立于2001年6月，最初是为了解决西藏登山学校毕业生的就业问题，后来逐渐发展成一家致力于登山运动推广、登山文化传播，提供高海拔攀登、技术、徒步、探险、攀岩培训、攀冰培训等服务的公司。公司每年3—10月组织珠穆朗玛峰、卓奥友峰、希夏邦马峰三座8000米以上山峰，以及其他7000米、6000米山峰的登山活动。在2008年的奥运火炬接力珠峰传递活动中，很多圣山公司的向导和西藏登山学校的学生担任了极为重要的工作。成为圣山公司珠峰登山总指挥后，我对公司整体进行了调整：无论从外观还是设施，包括天气对登山的影响的评估、开会协调、组织各部门之间的协作等许多环节，我都借鉴甚至直接复制了奥运火炬接力珠峰传递活动的经验。

刚开始担任总指挥时，我不放心客户的安全，总是跟着队伍上山，以便随时了解情况、解决问题。慢慢地，随着经验的积累，我更多时候是在大本营坐镇指挥，手边放着笔记本、报话机和望远镜等必备"武器"。因为我体会到，亲身登临极高海拔的极端环境下，身体受到很大考验，其实是很难冷静思考的，而坐镇较低海拔的大本营，能让我时刻保持清醒，做出正确决策。

至今，我已经有了多年实战指挥珠峰、卓奥友峰和希夏邦马峰三座8000米山峰商业登山活动的经验，正在逐渐成长为一个老练的指挥官。珠峰冲顶9小时的关门时间，就是我在商业团队中推行的攀登规则。意思是说，从冲顶出发时间算起，登山者必须在9个小时内登顶，如果超过时间，无论上到多高，向导都必须带人下撤。这条从实战中总结出来的攀登规则，极大地保证了登山者的安全。

2016年下半年，我同时兼任了西藏登山学校的校长。从西藏登山学校第一批学生成长为一校之长，我见证了登山学校和圣山公司，乃至西藏商业登山业的发展壮大。如果说，2003年王石登顶珠峰让西藏登山学校走进公众视野，那么，2008年北京奥运火炬接力珠峰传递活动则让世界认识了西藏登山学校。2013年是人类首登珠峰60年，这一年来自国内国际的登山队伍数量剧增，圣山公司的登山向导人数几乎无法满足客户需求。

迄今为止，西藏登山学校已培养出200多位登山向导和协作人员，我也正在筹划加大人才培养力度。作为职业登山人，我和我的伙伴们的目的不再是单纯登顶，我们想要依靠自己的攀登能力和创新精神，维护好以圣山公司为主导的喜马拉雅高海拔服务体系，让更多客户更安全地体验登山，也让更多的藏族登山天才能以攀登为职业，从而找到更好的生活之路。

次仁桑珠

珠峰顶上俯瞰喜马拉雅山脉

世界最高峰珠穆朗玛峰峰顶（8848.86 米）

登山扎平的故事

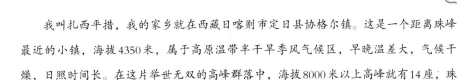

我叫扎西平措，我的家乡就在西藏日喀则市定日县协格尔镇。这是一个距离珠峰最近的小镇，海拔4350米，属于高原温带半干旱季风气候区，早晚温差大，气候干燥，日照时间长。在这片举世无双的高峰群落中，海拔8000米以上高峰就有14座；珠穆朗玛峰就是其中最耀眼的明珠。

从我老家的小山坡上就能看到珠峰，我小时候看到雪山就想逃跑，总觉得雪山是神圣的，不能攀爬。长大后再看珠峰，我总在心里感叹它的高大和壮观，同时又觉得很亲近，甚至感到雪山在吸引着我，也接纳着我。

1999年初中毕业后，我进入了西藏登山学校，成为学校的首批学员。刚入学的时候，我并不清楚这所学校具体是干什么的，只知道进入这所学校，以后我就要攀登珠峰了。

在学校期间，我和我的同学们跟随来自法国的登山向导老师学习登山技术和专业知识，完善自己的专业能力。通过登山，我找到了人生的路，我坚信自己属于雪山，雪山也会接纳和保佑我们。高山向导，是一个成就他人登山梦想的伟大职业。

然而，要成为一名合格的高山向导，需要付出常人难以想象的努力，经过艰辛而漫长的训练和实践过程。我作为工作人员参加过西藏登山队大会以及其他登山活动，攀登过启孜峰、卓奥友峰、南美洲最高峰阿空加瓜峰等许多世界高峰。经过三年的刻苦学习与登山实践，我已经比较熟练地掌握了登山理论与技能。

经过20年的刻苦努力与攀登，我现在已经是圣山公司的一名高级向导，并兼任西藏自治区高山救援基金会理事长、西藏自治区登山协会副秘书长、西藏自治区登山协会委员。截至2019年5月，我攀登至海拔8000米以上高度，先后已达89次，并且已经成功登顶珠穆朗玛峰14次。

这14次成功登顶珠峰的成绩，首先是西藏登山学校及圣山公司为我提供了平台，让我有了学习登山理念并攀登雪山的机会，同时这也是我自己多年辛勤攀登的成果。我曾先后获得中华人民共和国体育荣誉奖章，国家级登山运动健将证书，并且被评为西藏登山学校20周年模范向导。

在这20年的登山经历中，最令我难忘的是我的首个8000米级山峰的攀登经历——

2000年，我曾跟随瑞士队攀登卓奥友峰的经历，之所以难忘，是因为我由此有幸成为圣山公司首批8000米登顶卓奥友峰的成员之一，同时，也不幸成为圣山公司首个在工作中冻伤脚趾导致最后截肢的随队协作。这次任务中，我本是随队协作，由于我工作的刻苦努力与艰辛付出，我的专业能力与职业操守得到了国际队领队的肯定与认可，于是在完成协作工作后，我又得以作为向导带领客户攀登卓奥友峰。攀登过程中，在成功登顶并顺利下撤到接近海拔6900米的2号营地时，瑞士总指挥在对讲机里呼叫我，要求把客户交给夏尔巴向导带回前进营地，而我重返到海拔7800米的3号营地，接应一位65岁的女队员登顶下撤。于是，我再次攀登至3号营地，并在那里苦苦坚守了约两个小时，由于大风造成的低温缺氧，加上过度疲劳，我的脚趾严重冻伤。最终，我还是成功接到了那位女队员，将她平安顺利地带回大本营。这次冻伤使我失去了右脚的大拇指和左脚的中指，这对我来说虽然非常痛苦，但同时也实现了我作为一名专业向导的责任与使命，我不仅仅是帮助客户完成了攀登高峰的梦想，更重要的是，带领客户登顶后平安下撤，保障了客户的安全。从这个角度讲，双脚的伤口就是我的职业勋章。

珠峰北侧，中国境内，我们这些土生土长的西藏登山向导爱山、敬山、护山，吃苦耐劳，专业过硬，团结协作，尊重自然，关爱生命，祖国至上，勇攀高峰，这是我们西藏登山向导的精神口号。

扎西平措

攀登珠峰途中（7790 米）

珠峰北坳通往 7790 米营地的途中

登顶珠峰的西藏登山队队员，他们是（从左至右）：扎西次仁、
其美扎西、次仁扎西、米玛顿珠、鲁达、扎西平措

世界最高峰——珠穆朗玛峰

珠峰下的绒布寺

雪山环绕的吉隆

珠峰东坡嘎玛沟

后藏村庄

喜马拉雅山脉下的黑颈鹤

喜山长尾叶猴

熊猴藏南亚种

棕尾虹雉

目 录
CONTENTS

植　物

一个植物学者在沟里的点点滴滴

西藏所处的青藏高原，是世界上最高的高原，平均海拔在4000米以上，5000米以上的地表占46%，而海拔3500米以下的地表占8%，这些海拔较低区域基本是河谷地带。西藏的富庶繁华都在这8%的河谷当中。西藏的河谷，主要集中在喜马拉雅五条沟：亚东沟、吉隆沟、陈塘沟、嘎玛沟、樟木沟。现有的地学、气候学、社会学等方面证据表明，喜马拉雅山的五条沟，是喜马拉雅山拥抱的富饶的田园，更是世外桃源。

多年以来的生物学调查表明，五条沟具有极高的物种多样性。颇丰的著述，诸多的证据，对我们认识喜马拉雅的博大与精深打开了一道道门，一扇扇窗。在季风气候、复杂的地质历史、多变的山地生态环境等多重因素影响下，五条沟孕育了极为丰富的物种多样性，吸引了无数中外学者，来来往往，为之疯狂。然而，系统的生物类影像调查在我们之前还没有人做过，所以，我们的工作是具有开创性的。

亚东沟——历史上著名的帕里宗、红河谷和亚东县城所在地；也是西方植物猎人最早潜入西藏的窗口之一。我曾于2012年和2016年，两次考察亚东沟植物。2012年，我和爱人一起首次调查亚东沟，在帕里镇周边高山冰缘带采集标本，在漫漫荒野中翻越一座座山丘，苦苦寻觅当地特有物种——帕里扭连钱。途中首次遇到肉菊（黄花型），超巨的垫状植物囊种草；我们在爬山爬到快崩溃时，在一个垭口处遇到一株神似垫紫草的虎耳草属植物，激动之下顿时"满血复活"。在陡峭的岩坡上，我们又陆续遇到山居雪灵芝、垫紫草、云雾龙胆、宽花紫堇等冰缘带特有物种。

在海拔4800多米的高山冰缘带，伴着雨雪，寻寻觅觅，却一直没有找到帕里扭连钱，当时天色已晚，我们纠结下一步计划。最近的县城亚东在45公里之外，租车的话一公里7.5元，来回675块（油钱不算），肉疼！再加上一路下坡，什么林子、灌丛完全不是我们的研究兴趣所在，所以我们只能住帕里镇唯一的一个招待所。老板照顾我们，给了二楼的房间，据说一楼是不丹人住的。被子不知多少年没洗过，在昏黄油腻的白炽灯下，颜色莫辨；最可恨的是房间居然有一个简易的无门厕所，满屋弥漫着要命的味道，令人难以忍受。我只好带着爱人，深一脚浅一脚地摸到镇上最亮的街角，那里是座兵营，对面居然有一个超市，居然真的有空气清新剂，买，一瓶全喷在厕所里，借此麻痹自己。被子不仅气味很臭，而且又湿又硬。两人和衣而睡，谁都不想盖被子。半夜，温度骤降，我们迷迷糊糊地缩进被子，早晨还没睡醒，爱人一声大叫："臭死了！"我才发现被子不知什么时候压在了我身上，我心里一阵嫌恶，一脚把被子踢到地上！被子居然站——住——了！爱人哭了。这就是我早期高原植物调查历历在目、终生难忘的场景之一。第二天，我们换了一个靠近不丹方向的山丘继续寻找帕里扭连钱。很显然，随着青藏队前辈们渐渐老去，已经没有人知道当时他们去的是哪个方位，到处都是山，令人近乎绝望。收集了小腺无心菜等物种后，我们决定向西转移，能赶多远，就赶多远，尽量接近定结县日屋镇。

爱人出发前详细准备了此次出差地的自驾资料，从帕里镇，经岗巴县，借道定结县萨尔乡，翻越尼拉山口，抵达下一个工作点——日屋镇；之后可以取道陈塘镇，而后沿朋曲河谷一路北上，可达定日县。

我们走了一条到处都是路，却每条岔路都不知去向的路。司机是不熟悉路的外地人，好在车子动力尚可，只是司机师傅无精打采的，一路消极怠工，我也不敢说。到半夜，我们到达一个莫名的地方，看起来寂寞又荒凉，好不容易找到赶羊的老乡问了，才知道到了岗巴县。司机师傅见到羊，终于睁开眼睛："岗巴的羊肉最安逸！"想想算了，一天80元的出差补助，岗巴羊？吃不起。晚饭吃了啥我记不得了。县城几乎没有酒店，找了一个"藏家乐"民宿，爱人显然在帕里受到惊吓，让我先上楼看看。厕所在走廊里，很干净；我小心翼翼推开一扇门，房间宽敞，床单被罩干净如新——大喜过望。

尽管很疲惫，我们还是坚持着处理完当天所采集的标本和分子材料，半夜结束工作，简单洗漱，昏睡过去。采集任务艰巨，在高采集压力和低大气压的双重作用下，第二天早早就睁开眼，看着地图，算计未来的行程。

简单吃过早餐，赶路！在砂石路上晃了五六个小时，翻越尼拉山垭口，一口气开到日屋镇。到了镇上发现附近没有特别近的山，我们拿着垫紫草的照片询问老乡，问了几个人之后，有老乡很自信地说，在那边山顶见过。顺着老乡手指方向看去，那山感觉爬上去至少要四五个小时，完蛋了。

下一步怎么办？住下来，第二天上山？还是继续赶路到下一个工作点？和爱人快速合计后，我们鲁莽地决定取道陈塘沟，之后沿朋曲北上，经曲当乡，最后到定日。

现在想起来都后怕，这条线，直到今天都不好走！

随着海拔缓慢下降，水热条件越来越好，山谷植被越来越好、越来越绿。途中，我们发现了两米多高的锥花绿绒蒿、乌饭叶蓼等植物。海拔低，没有冰缘带，更没有流石滩，令人提不起兴致，我们拍了锥花绿绒蒿，继续赶路。一路上只见到一辆对向来车，越发心虚。也不知道过了多久，下降到林子，已经隐约能看到村庄，在接近陈塘镇的地方，却发现前面塌方啦！一个山坡到河谷里，滑坡两侧滞留了数十人，到处是垃圾，有些人躺在路边，目光呆滞，看样子已经塌了几天了。

一路上拼命赶路，简餐，车里处理分子材料，路上，没有冰缘带，没有流石滩，什么"仙女湖""妖精湖"，一律选择无视，赶路，赶路！本以为我们就要到定日了，结果堵在了陈塘镇。无奈，折返，赶往定结县……就这样，我来去匆匆，去了一趟被誉为"喜马拉雅最后一座生态人文宝库"的陈塘沟。

嘎玛沟被誉为"人类很少惊扰，生态完全没有改变，纯正意义的中国最后一片原始森林"；这里地处无人区，是五条沟里最偏远、路最艰苦、最难以到达的一条。自百年前英国人首次调查之后，鲜有植物学者进入，我应该是国内第三位到此的植物学工作者。在诸多好友的帮助下，我先于2017年8月进入嘎玛沟，被异常丰富的植物区系打动，可惜多数绿绒蒿属植物、杜鹃花属植物已经过了花期；2018年6月，我再次深度调查珠峰东坡——嘎玛沟植物多样性，被杜鹃花海和绿绒蒿群落震撼到无法呼吸。两次调查嘎玛沟收获颇丰。在无人的荒野里每天徒步6~8小时，用相机、手机记录，在助手的帮助下采集标本，发现新物种2个；中国新记录物种10余个（详见个人公众号"朝花夕拾"）。

樟木沟——悬于悬崖上的318国道的终点，聂拉木县城及藏地第一大口岸——樟木口岸所在地。

2012年，我初次到访，抵达海拔5200米的通拉垭口，采集了藓状雪灵芝，考虑海拔越来越低，折返；2016年，希望弥补遗憾，可惜受尼泊尔地震影响，樟木沟无限期关闭。我在聂拉木县城一个小招待所熬了一晚，第二天去酸奶湖方向，收获颇丰，可惜并没有找到预想的各种绿绒蒿，令我无奈！樟木沟是一条叫波曲的河流切割成就的，这个"波沟"，却两次拒我于沟外。

吉隆沟——装下了半部西藏史的吉隆藏布河谷，是吉隆县城和西藏第二大口岸——热索口岸所在地；未来，也将是藏地国际铁路的通道。我曾在2012年第一次到访此地，在海拔5236米的孔唐拉姆山垭口采集完材料，匆匆赶到吉隆县城，住了一晚上，考虑到海拔越来越低，没有进一步深入。2016年，我有了自己的项目，顾虑少了，一直冲到吉隆镇，初次领略生物区系的特殊性；特别是2018年的"TBIC喜马拉雅五条沟"影像调查，收获颇丰，详见本书。

除此之外，我分别于2012年、2019年去了错那的勒布沟附近；2018年调查了珠峰北坡的绒布沟，一切植物大路货在珠峰面前，都变得异常伟大，也包括在这里调查的"植物人"；2018年8月调查了绒辖沟普士拉垭口附近的冰缘带。总结下来，喜马拉雅五条沟物种丰富多样，超乎想象，而且自东向西，物种分异显著。

在过去10多年里，西藏经济建设取得巨大成就，藏地生活条件有了巨大改善，电力供应稳定，越来越多国道、县道四季通畅，贯通隧道，连接路桥；拉萨、林芝通了高速公路；越来越多的机场投入使用；星级酒店提供多元化的餐饮；藏地出行变得更加简单快捷舒适。读者大可深入青藏高原亲自体验，或者通过本书来领略喜马拉雅的博大精深。

喜马拉雅五条沟的植物多样性影像调查是开创性的工作，领略喜马拉雅山植物多样性的博大精深，从这本书开始。

徐波

昆明 司家营

2019年11月16日

喜马拉雅的高山与深谷
——西藏的植物天堂

我第一次来到朝思暮想的西藏，就是这一次喜马拉雅动植物影像调查。我们从拉萨河河谷到雅鲁藏布江河谷再到年楚河河谷，一路上从宽广而平缓的河滩，到干燥而荒芜的石漠，再到崎岖而高耸的山峰，沿途景物都是我第一次见到，但是我心中向往的雪山与森林还迟迟没有出现。过了不知多久，我终于看到了远方的雪山，和雪山下一眼望不尽的沙地。坐在车里，罗浩老师说，那一片宽广的平地竟然是一个大湖的湖床——多庆错，在丰水期会蓄满水；湖后面的雪山是海拔7000余米的卓木拉日雪山，雪山背后就是不丹，而绕过雪山就是神秘的亚东沟。干涸的大湖上，狂暴的风卷着雨水和沙砾擦过地面，我向雪山的方向望去，发现雪山背后的云雾正像潮水一样涌向山峰之间低洼的垭口，那是来自遥远印度洋的水汽，正在试图翻过世界上海拔最高的山脉；它们虽成功翻越了高峰，却在垭口不远处就逐渐消散。雪山的这一侧，依然是干燥的沙地，只有最耐干旱的植物可以在这样的极端环境中存活；而垭口的另一侧，就是云雾终年笼罩的潮湿山麓。

西藏大部分地区都在喜马拉雅山脉北侧，气候以高寒荒漠或干暖河谷气候为主，物种虽然特殊，却并不丰富。但是喜马拉雅山脉被河流深深地切开了几条沟，水汽沿着沟谷弥漫上升，创造了和周遭完全不同的气候，很多亚热带甚至热带植物得以沿着水汽创造的暖湿环境生长到海拔更高的地方；从山峰到河谷的巨大海拔落差带来的温度和湿度变化，使得这里的植物群落极为多变，物种也极为丰富；而沟谷之间的高山作为天然屏障又形成了地理隔离，使得植物物种在这里剧烈分化，出现了很多狭域分布物种；种种原因使得喜马拉雅山脉中的沟谷成为了整个西藏生物多样性最丰富的地区，也成为了全中国最吸引我的植物圣地。

此时我们向亚东沟望去，发现连道路也被云海所掩盖；从帕里镇继续坐车向前，一翻过高原面来到河谷中，就看到水汽扑面而来，黄褐色的荒漠变成了绿意盎然的草甸和杜鹃灌丛，云海在这里化作绵绵细雨，让每一棵植物的每一个叶片上都挂满了水珠。随着海拔的下降，植物的种类组成也在迅速变化，漫山遍野的粉色的刚毛杜鹃（*Rhododendron setosum*）逐渐被黄色的鳞腺杜鹃（*Rhododendron lepidotum*）和金露梅

（*Potentilla fruticosa*）取代，大型草本植物如锥花绿绒蒿（*Meconopsis paniculata*）和杂色钟报春（*Primula alpicola*）也开始出现。这些壮硕的花朵、巨大的草本植物和高原面上的矮小草本相比，好像来自不同的星球，它们的出现让我忽然意识到，我已经来到了西藏植物物种最奇特的地方了。

随着海拔继续下降，能感觉到车外的温度快速上升，此时大型针叶树如亚东冷杉（*Abies densa*）、怒江红杉（*Larix speciosa*），小乔木如云南沙棘（*Hippopha rhamnoides subsp. yunnanensis*）、尼泊尔黄花木（*Piptanthus nepalensis*）、大叶蔷薇（*Rosa macrophylla*）等更多的木本植物成为了山地中的主要优势种，喜阴湿环境的草本如槽茎凤仙花（*Impatiens sulcata*）、滇藏掌叶报春（*Primula geraniifolia*）、糙伏毛点地梅（*Androsace strigillosa*）和铃铛子（*Anisodus luridus*）也借着树荫在林下生长蔓延。来自印度洋的水汽同时也把更多喜马拉雅南坡的物种带到了这里，仔细寻找可以发现一些全国只有亚东能见到的植物，比如亚东黄芪（*Astragalus yatungensis*）、亚东灯台报春（*Primula smithiana*）等等。最后，在较高海拔的森林和草甸的交界处，我们还发现了大量兰科物种，仅仅在100平方米的范围内就发现了9种兰科植物，这样的兰科物种多样性在全世界都是首屈一指的；其中还有一种杓兰属物种高山杓兰（*Cypripedium himalaicum*）是亚东新记录，这种杓兰也是中国最不容易见到的杓兰属物种之一，在中国仅有西藏吉隆和山南有历史分布记录。

从亚东回到高原面以后，我们从喜马拉雅山脉的东部来到了中部，来到了一个更为神秘的沟谷——吉隆沟。吉隆沟的狭长河谷绵延几十公里，把我们从海拔5000余米的孔塘拉姆山口带入了海拔仅2800余米的吉隆镇。由于从山口到吉隆镇的路程很远，我们只是从山口匆匆看了一眼对面雪山的山尖，就一路向下不再停留，抵达已经是半夜了；到了第二天早上一醒来，才发现自己已经身处于绿意葱茏的温暖河谷之中了，两边皆是高耸入云的陡峭山崖。沿着河谷继续往低海拔走甚至能看到亚热带雨林的植物物种，比如大戟属的霸王鞭（*Euphorbia royleana*）。吉隆沟的植物调查比亚东沟更为欠缺，所以这里依然还能发现很多新记录物种，甚至新物种。在吉隆藏布峡谷的悬崖边，时常可以见到喜马拉雅南坡的特色植物夏须草（*Theropogon pallidus*），而林下和河谷边生长的一种象牙参，是中国新记录紫花象牙参（*Roscoea purpurea*）。在吉隆沟附近海拔4000余米的高山灌丛中，我们终于见到了全中国最神秘的绿绒蒿——吉隆绿绒蒿

（*Meconopsis pinnatifolia*），这是难得的由中国植物学家发表的绿绒蒿属植物，分布极为狭窄，很长一段时间以来都没有彩色照片记录。

英国的植物猎人在百年前就开始了对亚东的植物调查，这里很多植物在那时就被引种到了英国和整个西欧，由于西欧的气候和喜马拉雅河谷的气候非常相似，来自亚东的很多高山植物逐渐成为了欧洲国家最常见的园艺花卉，所以欧洲人对于它们甚至比我们还要熟悉得多。在我离开西藏前往英国皇家植物园邱园求学的一年里，经常能看到来自亚东的园艺植物，比如卷耳状石头花（*Gypsophila cerastioides*）、宽托叶老鹳草（*Geranium wallichianum*）、匍茎点地梅（*Androsace sarmentosa*）等等。而中国的植物学家对亚东的植物调查也在1951年就开始了，随后的青藏高原综合科学考察队（1973—1976）又对亚东和吉隆进行了更详细的调查，但是作为西藏物种多样性最丰富也最特殊的地区，历史的迷雾也像终年弥漫在这里的水汽一样，笼罩在喜马拉雅沟谷的植物之上。根据早期调查采集的标本发表的新物种，很多都再也没能被发现过；我们在这次对喜马拉雅最高的山峰和最深的沟谷的调查中，依然发现了数个当地甚至西藏的新记录物种，经过具体类群专家的鉴定，还发现了几个待发表的未描述新物种。

喜马拉雅的高山与深谷，依然蕴藏着无穷的宝藏，这里的风景在世间独一无二，壮丽又变化无穷，而这里的植物物种，也随着喜马拉雅山脉的隆起和河流的切割，变得独特而多样。这里也是世界上植物调查最少的地区之一，很多高山与深谷还未有多少人踏足，相信将来我们还会在这个物种多样性宝库中找到更多神奇的生命。

余天一

吉隆的4种绿绒蒿记

2018年7月5日，随西藏生物多样性影像调查创立人罗浩兄再次来到吉隆镇。7月6日是我三次吉隆沟寻找绿绒蒿之行中，难得的大晴天。于前一年发现过吉隆绿绒蒿（M. pinnatifolia）的地方，除了幼苗和被采集过的痕迹，已找不到开花的吉隆绿绒蒿了。经过一番寻找，终于在山口附近的灌木丛中，仅寻找到了刚开花的一株。吉隆绿绒蒿是由我国植物学界前辈吴征镒、庄璇、周立华，于1979年记载的绿绒蒿属的新种。

2011年，德国研究者P.A.Egan记载的绿绒蒿属的新种正好就在这次考察的拉朵山以南的尼泊尔中部山区中。这个被从锥花绿绒蒿（M. paniculata）分离出来的新种，同行的余天一小弟从花期、花果被毛对此新种存疑，我从植株形态、地理分布又感到不同于锥花绿绒蒿。总之这种被我们发现于拉朵山山口前后，还需要更加深入调研的绿绒蒿——拉朵绿绒蒿（M. autumnalis），就暂以发现地的拉朵山来称谓了。

寻找绿绒蒿属的丽花绿绒蒿（M. bella）是我此行吉隆沟的最大心愿。当我拍摄完吉隆绿绒蒿和拉朵绿绒蒿后，整个下午，在有可能生长丽花绿绒蒿的地方不懈寻找。正当精疲力尽，即将天黑之时，终于在杜鹃林下苔藓丰富的岩壁上，找到了仅剩两朵花的丽花绿绒蒿。根据1896年采集于尼泊尔和锡金两国交界处山中的标本，所记载的这种绿绒蒿，我多年来只能从国外文献查看到它的图片，这次能于吉隆沟亲眼看见，竟按捺不住心中的喜悦，狂呼乱叫了起来。

次日随动物组上山的余天一小弟回来后告诉我，又有绿绒蒿属的新发现。7月8日，午后大雨中，再次上山。于前一次发现丽花绿绒蒿处，前行少许，一株从未见过的高约50厘米，有着4片花瓣，微微带蓝的白色花朵，于雨雾中，把我吸引了过去。观察后，发现它具备绿绒蒿属基本特征，断定是我未知未见过的一种绿绒蒿。激动地在雨中对它拍摄完后，仔细在周边寻找，未有新发现。怀着激动的心情下山后，立即将图片传给日本著名植物学家吉田外司夫先生。次日，读到吉田先生的回复后才知道这个绿绒蒿是于1915年，英国植物学家大卫·普兰（David Prain，1857—1944）根据

1884年采集于西藏亚东沟的标本，记载的一个定名为 *M. polygonoides* 的绿绒蒿。周立华先生1980年发表的《青藏高原绿绒蒿属的研究》，是我能查找到有关 *M.polygonoides* 的最早国内文献。文中周先生将 *M.polygonoides* 的中文名，表述为"心叶绿绒蒿"。心叶的命名让我随时忆起它那如心形的4张叶片，谐调地衬托着顶端那朵微微带蓝的白色花朵，于风雨中孤零零的不停晃动的身影。

数日吉隆沟考察，竟能发现绿绒蒿属的4个珍稀种，并对这4个珍稀绿绒蒿的现状和分布，有了准确影像记录，也不枉前后三次远行吉隆沟了。

刘渝宏

于贵州省江口县

2019年11月22日

吉隆绿绒蒿

Meconopsis pinnatifolia

罂粟科 绿绒蒿属

　　一次结实多年生草本。高60~100厘米。茎粗壮，具纵条纹，疏被黄褐色、具多短分枝的刚毛。基生叶披针形，先端钝，近基部羽状深裂，裂片披针状长圆形，疏离，近顶端羽状浅裂，两面及边缘疏被黄褐色、具多短分枝的刚毛。花数朵，生于茎上部叶腋内，最上部花无苞片。花瓣4片，宽倒卵形，先端平截，具不规则的细齿，紫红色。子房近球形，密被黄褐色、具多短分枝的刚毛，花柱圆柱形，基部扩大成盘并盖于子房上，盘边缘深裂，裂片浅三角形，柱头长5~8毫米。幼果长圆形，两端平截，密被毛。花果期6—9月。生长于海拔3500~4200米的山坡岩石隙。在我国分布于西藏南部（吉隆、聂拉木）。模式标本采自吉隆。

多刺绿绒蒿

Meconopsis horridula subsp. *horridula*

罂粟科 绿绒蒿属

一次或多次结实多年生草本。全体被黄褐色或淡黄色、坚硬而平展的刺。叶全部基生，叶片披针形，全缘或呈波状，两面被黄褐色或淡黄色平展的刺。花葶5~12条，或更多，长5~20厘米，坚硬，绿色或蓝灰色，密被黄褐色平展的刺。花单生于花葶上，半下垂。萼片外面被刺。花瓣5~8片，有时4片，宽倒卵形，蓝紫色。花丝丝状，色比花瓣深，花药长圆形，稍旋扭。子房圆锥形，被黄褐色平伸或斜展的刺，花柱长6~7毫米。柱头圆锥状。蒴果倒卵形或椭圆状长圆形，稀宽卵形，被铁锈色或黄褐色、平展或反曲的刺。种子肾形，种皮具窗格状网纹。花果期6—9月。生长于海拔3600~5100米的草坡。在我国分布于甘肃西部、青海东部至南部、四川西部、西藏。模式标本采自印度。

延伸绿绒蒿 （中国新记录）

Meconopsis elongata

罂粟科 绿绒蒿属

　　一次结实多年生草本。高80厘米以下。叶基生。花茎常在基部分枝。连接雄蕊的花丝前端呈延伸的白色丝状维管束。花瓣5~8片，淡蓝紫色，有时粉红色。花期6—7月。在我国分布于西藏亚东。模式标本采自不丹西部。

锥花绿绒蒿

Meconopsis paniculata subsp. *paniculata*

罂粟科 绿绒蒿属

　　一次结实多年生大型草本，高达2米。茎圆柱形，具分枝，被黄色、具多短分枝的柔毛及星状绒毛。基生叶密聚，叶片形态多变，通常近基部羽状全裂，近顶部羽状浅裂。两面密被黄色、具多短分枝的柔毛及星状绒毛。花多数，下垂，排列成总状圆锥花序。花瓣4片，稀5片，倒卵形至近圆形，黄色。子房球形或近球形，密被金黄色柔毛。花柱近基部明显增粗，微带紫红色。蒴果长椭圆形，密被金黄色、具多短分枝的柔毛及星状绒毛。种子肾形，表面干时具蜂窝状孔穴。花果期6—8月。生长于海拔3000~4350米的林下草地或水沟边、路旁。在我国分布于西藏南部。

大花绿绒蒿
Meconopsis grandis subsp. *grandis*

罂粟科 绿绒蒿属

多次结实多年生草本。花茎直立，粗壮，高40~120厘米，疏被伸展或稍反曲的刚毛。基生叶狭倒披针形至披针状长圆形或椭圆状长圆形，先端急尖或近急尖，基部渐狭而入叶柄，边缘具疏离、不规则的锯齿或宽圆齿，两面被棕色、具多短分枝的柔毛，表面绿色，背面淡绿色。花通常不超过3朵，生长于最上部假轮生状叶腋内稀生于下部茎生叶腋内。花大，下垂。花瓣4片（有时达9片），近圆形或宽倒卵形，紫色或蓝色。花丝丝状，白色，花药长圆形，橙黄色。子房卵珠形或长圆形。柱头棒状。蒴果狭椭圆状长圆形。种子肾形，种皮具浅纵凹痕。花果期6—9月。生长于海拔3000~5100米的冷杉林下、林缘或山坡灌丛中。在我国分布于西藏中南部。

心叶绿绒蒿 （中国影像新记录）

Meconopsis polygonoides

罂粟科 绿绒蒿属

一次结实多年生草本。植株高50厘米以下，生稀疏的毛。叶互生、约4片，基部生长梗，上部无梗，叶身椭圆形或卵状披针形，周围有粗糙的圆锯齿。花朵朝下开放于花茎顶部，一茎一花，花瓣4片，稀5片，通常淡紫色。花果期6—7月。在我国分布于西藏南部(吉隆、亚东)。模式标本采自亚东春丕。

中国新记录摄影者
中文命名的小故事 ——刘渝宏

心叶绿绒蒿 *Meconopsis polygonoides*

　　2018年7月8日，在西藏吉隆山中海拔3600米的灌木丛边，找到了一株纤细的绿绒蒿，高约50厘米，4片心形的叶有序地生于花茎之上，开着微微泛蓝的白色花朵。经吉田外司夫先生确认，此种就是1915年由英国植物学家大卫·普兰据1884年采集于西藏亚东春丕的标本而发表的新种绿绒蒿。

　　2009年，吉田先生在昆明植物研究所发现了1975年吴征镒先生等在吉隆采集的绿绒蒿未确认标本，并确定为*Meconopsis polygonoides*。虽然1999年出版的《中国植物志》中，在"琴叶绿绒蒿"一栏里有*Meconopsis polygonoides*（Prain）Prain in Bull. Misc.Inf.Kew 1915:143.1915 的记载，但查找不到中文名。周立华先生发表于1980年8月的《青藏高原绿绒蒿属的研究》中，记载了17种绿绒蒿，其中*Meconopsis polygonoides*被周先生称为"心叶绿绒蒿"。这是我能查找到的有关此中文名称最早的文献出处，我认为，还是沿用周先生的"心叶绿绒蒿"来称呼它吧。

单叶绿绒蒿

Meconopsis simplicifolia subsp. *simplicifolia*

罂粟科 绿绒蒿属

　　一次或多次结实多年生草本。叶全部基生，莲座状，叶片倒披针形，披针形至卵状披针形，先端急尖或钝，基部渐狭而入叶柄。花半下垂，单生于基生花葶上。花葶被刚毛。花瓣5~8片，倒卵形，紫色至天蓝色。花丝丝状，花瓣同色。花药长圆形，橘黄色。子房狭椭圆形至长圆状椭圆形。花柱明显，柱头头状或近棒状。蒴果狭椭圆形至长圆状椭圆形，被反折的刚毛。种子椭圆形或肾形，种皮密具乳突。花果期6—9月。生长于海拔3300~4500米的山坡灌丛草地或石缝中。在我国分布于西藏东南部至中南部。

错那绿绒蒿 （中国新记录）
Meconopsis sinuata

罂粟科 绿绒蒿属

一次结实多年生草本。植株高30~70厘米。被黄褐色或铁锈色的刺状毛。叶互生，长圆状披针形，规则的羽状浅裂，裂片前端圆形。花总状，花瓣4片，青紫色至白色。花果期7—8月。生长于海拔3900~4500米的山坡灌丛草地或石缝中。在我国目前仅发现于西藏自治区错那县。模式标本采自印度。

中国新记录摄影者
中文命名的小故事 ——刘渝宏

错那绿绒蒿 *Meconopsis sinuata*

2018年7月24日，在西藏视野旅行社的潘华鹏的不懈努力下，我们终于把车从勒布沟底，经过吉巴乡，艰辛地蹭到了海拔4200米的地方，之后，在沿山路继续徒步行进中，先后三次拍摄到了这种绿绒蒿。虽个体大小不同，但花朵均有4片匀称的花瓣，雄蕊为耀眼的橙黄色，花朵为天蓝色，加上不规则羽状深裂至全裂的长椭圆状倒披针形的叶，当时就感到这是一种未曾见识过的绿绒蒿。

后经查阅资料核实，确定是英国植物学家大卫·普兰于1895年将喜马拉雅山和横断山的绿绒蒿进行综合研究后，发表的开启绿绒蒿研究新篇章论文里记载的4个绿绒蒿新种之一的 *Meconopsis sinuata* Prain。

20世纪70年代以来，曾有几次对错那地区的植物采集和考察活动，但是，我找不到此种绿绒蒿在国内的文献记录。从1895年这种绿绒蒿首次得以记载的123年后，2018年考察的最后一天，*Meconopsis sinuata* 终于在西藏自治区错那县吉巴乡的山中被发现，我想，中文名就称为"错那绿绒蒿"吧。

藏南绿绒蒿

Meconopsis zangnanensis

罂粟科 绿绒蒿属

多年生丛生草本，植株基部盖以极密集的纤维状叶基。叶全部基生，叶片披针形或狭菱形，先端圆，基部楔形并下延入叶柄，边缘全缘，表面绿色，背面具白粉，两面无毛或稀背面散生刚毛。叶脉基出，二歧状分枝，在背面较明显。叶柄线形，被黄褐色伸展的刚毛。花单生于花葶上，常下垂，花瓣4片，宽倒卵形，先端圆或平截，边缘具不规则的缺刻，天蓝色。花丝丝状，花药长圆形，黄色。子房椭圆形，被斜展的刚毛。蒴果椭圆形，疏被刚毛。花果期7—8月。生长于海拔4300~4600米的高山草甸。在我国分布于西藏东南部（错那）。模式标本采自错那。

* 英国植物学家格雷·威尔森（Grey Wilson）于2014年出版的专著《绿绒蒿属》（*The Genus Meconopsis*）中，将此种绿绒蒿记载成了 *Meconopsis bella*（丽花绿绒蒿）的亚种 *M.bella* Prain subsp. *subintegrifolia* Grey-Wilson（2014）。1979年，周立华先生发表在《植物分类学报》上的《青藏高原绿绒蒿属新分类群》里，根据采集于西藏错那县的标本，早已明确将这种绿绒蒿记载为"藏南绿绒蒿"（*Meconopsis zangnanensis*）。

拉萨绿绒蒿

Meconopsis lhasaensis

罂粟科 绿绒蒿属

一次结实多年生草本。植株高度一般在40厘米以下。总状花序，叶质偏薄，被软质刺状毛。花瓣4~10片，花色为鲜明的天蓝色至淡青紫色。花药细长，橙花色。花丝纤细且直。雄蕊呈圆状均匀排列伸展。蒴果偏小，倒卵形或椭圆形。花期7—8月。生长于海拔3500~4500米的灌木丛下或高山草甸处。在我国分布于拉萨周边及西藏南部。

* 2014年，英国植物学家格雷·威尔森根据20世纪采集于拉萨附近的标本，将这种绿绒蒿作为新种发表在专著《绿绒蒿属》(*The Genus Meconopsis*)里，命名为"拉萨绿绒蒿"。虽然是以"拉萨"来命名，但其分布不仅限于拉萨周边。此处所配的拉萨绿绒蒿图片即拍摄于西藏措美的打拉日山山麓，可证明其分布区域之广泛。

丽花绿绒蒿

Meconopsis bella subsp. *bella*

罂粟科 绿绒蒿属

多次结实多年生草本。植株高度一般在15厘米以下。叶全部基生，叶身卵形或长圆形，一般1或2次分裂。花开放于从地面生长出的细长花茎顶端，花瓣4片，蓝色。蒴果细长。花期6—7月。在我国分布于西藏吉隆。模式标本采自印度。

幸福绿绒蒿 （中国新记录）

Meconopsis gakyidiana

罂粟科 绿绒蒿属

多年生草本。花梗直立，粗壮，被软刺毛，高 1.2 米以下。叶基生，为披针形至披针状长圆形，边缘具疏离不规则锯齿。花生长于最上部轮生状叶腋上，一般朝下开放，碗形或半球形。花瓣一般由紫色渐变蓝色，偶有暗红色。花瓣 4 片。花柱短。花期 6—7 月。在我国目前仅发现分布于西藏错那。模式标本采自不丹东部。

中国新记录摄影者
中文命名的小故事 ——刘渝宏

幸福绿绒蒿 *Meconopsis gakyidiana* T.yoshida (2016)

1983年出版的《西藏植物志》第1卷，记载的 *Meconopsis grandis*，中文为"大花绿绒蒿"，是英国植物学家大卫·普兰，根据采集于锡金西部与尼泊尔东部山区的标本，于1895年记载的4种绿绒蒿之一。

2015年6月21日，我终于在西藏山南错那县的波拉山，找到了大花绿绒蒿。并立即告知了吉田外司夫先生。先生看到照片后，即回复我：此种绿绒蒿正是他一年前（2014年7月上旬），在不丹最东边的塔希冈县（Trashigang）毗邻我国西藏自治区错那县的国境边，也就是在我找到大花绿绒蒿之处南面不丹境内的山中考察研究过的，应是同一物种。同时先生告诉我，我一直梦寐以求的大花绿绒蒿，已于2010年，由英国植物学家、绿绒蒿属权威研究专家格雷·威尔森分出了两个亚种，一个分布在靠近我国西藏自治区普兰县，尼泊尔王国西部，高度不过50厘米，定名为 *Meconopsis grandis.supsb.jumlaensis*；另一个就是我刚刚在错那县发现的这个大花绿绒蒿亚种，被定名为 *Meconopsis grandis supsb.orientalis*。

2016年底，吉田先生寄来新发表的论文及感谢信两份，一份给我，另一份托我转交西藏的罗浩老师，感谢他提供的拍摄于陈塘沟的大花绿绒蒿的精美照片。论文发表于英国爱丁堡皇家植物园出版的植物专业杂志（Sibbaldia 14号）上，在文中，吉田先生将20世纪30年代英国植物探险家弗兰克·勒德洛（Frank Ludlow）、乔治·谢里夫（George Sherriff）、金登·沃德（Kingdon-Ward，1885—1958）在不丹王国东部地区采集的植物标本，与2014年7月吉田先生和他的研究团队在不丹实地发现的植株进行充分考证研究后，将它又从大花绿绒蒿亚种升格成为绿绒蒿属的独立新物种。

不丹官方语中"幸福"一词为Gakyui（加后缀-diana为拉丁语中"以……命名"之意），吉田先生据此将这个新种绿绒蒿正式命名为 *Meconopsis gakyidiana* T.yoshida (2016)，即"幸福绿绒蒿"。

1895年，英国植物学家大卫·普兰确立记载：*Meconopsis grandis* Prain(1895)。

1983年，吴征镒先生主编的《西藏植物志》根据20世纪70年代采自西藏的标本，记载了"大花绿绒蒿"。

2010年，英国植物学家格雷·威尔森发表记载：*Meconopsis grandis* Prain.supsb. *orientalis* Grey Wilson(2010)。

2016年，吉田外司夫发表记载：*Meconopsis gakyidiana* T.yoshida(2016)。

从"大花"到"幸福"，回顾几代中外植物学者的心血与研究历程，令人感慨良多。

拉朵绿绒蒿 （中国影像新记录）

Meconopsis autumnalis

罂粟科 绿绒蒿属

一次结实多年生大型草本，高150厘米以下。花梗圆柱形，具分枝，被长刚毛。基生叶密聚，抱茎。叶片形态多变，羽状浅裂至全裂。花多数，下垂，花柄长，排列成圆柱形的圆锥花序。花瓣多为4片，罕见5片，淡黄色。花果期7—8月。生长于海拔3200~4200米的山坡湿草地、潮湿灌丛或路旁。在我国分布于西藏吉隆。模式标本采自尼泊尔中部山区。

康顺绿绒蒿
Meconopsis tibetica

罂粟科 绿绒蒿属

　　一次结实多年生草本。高50厘米，密生长刚毛。叶基生，披针形，全缘，或粗锯齿。花数朵，生于茎上部，总状花序，花柄短。花瓣多为4片，罕见5片，暗红色，外侧稀疏生刚毛，宽倒卵形，具不规则的细齿。子房近球形。花柱圆柱形，基部有圆盘状的附属物，覆盖于子房顶部。幼果长圆形，两端平截，密被毛。花果期6—8月。生长于海拔4000~5000米的山坡岩石隙。在我国分布于西藏定日。模式标本采自定日嘎玛沟。

绒辖绿绒蒿 （中国新记录）

Meconopsis dhwojii

罂粟科 绿绒蒿属

一次结实多年生大型草本。高150厘米左右。基生叶，羽状全裂。长刚毛基部黑色或茶褐色。花多数，花柄长伸，集中于圆锥花序的底部开放，花瓣4片，碗形。花期6—8月。在我国分布于西藏定日。模式标本采自尼泊尔中东部山区。

中国新记录摄影者
中文命名的小故事 ——刘渝宏

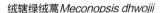

绒辖绿绒蒿 *Meconopsis dhwojii*

多年前，从吉田外司夫先生的专著中，我知道了绿绒蒿属里有这么一种发现于尼泊尔的学名为 *Meconopsis dhwojii* 的珍稀物种。特别是学名中的 Dhwojii（多吉），是藏族同胞常用名，当年是出于什么缘由以此命名的呢？这个疑问一直缠绕着我。

2017年7月14日傍晚，我们意外地在卓奥友峰西南山麓的绒辖沟里，找到了这种绿绒蒿。2018年6月30日，再次去绒辖沟补拍了照片。

1934年，正是全球遭受经济危机的时期，年仅30岁的乔治·泰勒(George Taylor, 1904—1993)出版了第一部专门研究绿绒蒿的专著 *An account of the genus Meconopsis*（《绿绒蒿属植物记述》)，在这部专著里正式记载了该种绿绒蒿。

20世纪20年代末，*Meconopsis dhwojii* 是由一名叫 Lall Dhwoj 的尼泊尔军官在 N.K. 夏尔马教授的指导下，于尼泊尔东部的 Sangmo 地方采集到了标本和种子。所有标本和种子是在乔治五世国王的秘书克莱夫·威格拉姆（Clive Wigram）爵士的精心安排下，辗转送到了英国。最终，标本送到了大英博物馆专门研究绿绒蒿属的乔治·泰勒处，而种子送到了伦敦皇家花园的主管托马斯·海（Thomas Hay, 1875—1953）手中。在这位绿绒蒿狂热爱好者的精心培育下，终于在英国引种栽培成功。1932年，托马斯·海以当年采集者 Lall Dhwoj 之名命名了这种绿绒蒿，并首次将有关 *Meconopsis dhwojii* 的信息发表在了植物杂志上。

在 *Meconopsis dhwojii* 这个物种确立85年后的2017年，我幸运地在定日绒辖沟发现了它。

这个物种的中文名称，我想以发现地绒辖沟来命名它"绒辖绿绒蒿"，是再合适不过了。

对于这个在模式标本采集地已濒临绝迹的极珍稀物种，除了深入观察研究，更需要我们倍加关怀保护。但愿我发现了它，不要成为灭绝它的开始。愿它永远安好生存于绒辖沟。

贝利绿绒蒿

Meconopsis baileyi subsp. *baileyi*

罂粟科 绿绒蒿属

多次结实多年生草本。花梗直立，被软刺毛，高1.2米以下。基生叶，披针形至披针状长圆形、边缘具浅锯齿，有苞叶，上部苞叶呈轮生状。花朵大，平开，花瓣4~6片，蓝色。花柱短。果实毛密生。花期6—7月。在我国分布于西藏东南部。模式标本采自林芝。

* 1913年，英国军人及大探险家贝利（F. M. Bailey，1882—1967）在西藏林芝鲁朗，将采集到的绿绒蒿花朵第一次带回了英国。1915年，植物专家大卫·普兰见到了贝利带回的花朵标本，就以"贝利"之名拟定了绿绒蒿属的这个新物种。根据贝利的手绘地图，金登·沃德于1924年又来到了鲁朗，采集到了这种绿绒蒿的完整标本和大量种子。之后，大卫·普兰又根据沃德的标本，以"Baileyi（贝利）"做种加词，正式发表了绿绒蒿属的这个新物种。当年被金登·沃德带回的种子在英国被广泛引种栽培，至今仍深受绿绒蒿爱好者们的喜爱。

普氏绿绒蒿
Meconopsis prainiana

罂粟科 绿绒蒿属

一次或多次结实多年生草本。高70厘米以下。叶基生，披针形，全缘。生玻璃质刺状毛。花为总状花序，晴天时横向平开。花瓣4片，偶有5~6片，淡蓝紫色。花期7—8月。在我国分布于西藏东南部。模式标本采自林芝。

* 1924年，英国植物学家金登·沃德第一次来到西藏，于林芝的德木拉山发现了这个绿绒蒿属的新物种，并于1926年以植物专家大卫·普兰之名，将其命名为"普氏绿绒蒿"。但是之后很长时间内并未得到研究者们的认可。近年来，普氏绿绒蒿作为绿绒蒿属的独立物种终于得到了认可。每年7月花期，这种美丽的绿绒蒿都会出现在林芝色季拉山口前后的公路边。

谢氏绿绒蒿 （中国新记录）

Meconopsis sherriffii

罂粟科 绿绒蒿属

多次结实多年生草本。植株高50厘米以下，密生长刚毛。地下根茎顶部分权支撑植株。叶基生，卵状椭圆形或倒披针形，全缘。花朵开放于轮生苞叶的花茎前端，一茎一花，花瓣6~8片，鲜明的粉红色。花期7—8月。在我国分布于西藏南部。模式标本采自西藏山南地区。

中国新记录摄影者
中文命名的小故事 ——刘渝宏

谢氏绿绒蒿 *Meconopsis sherriffii*

2018年7月23日，我在西藏山南地区海拔5000米的流石滩找到了绿绒蒿属最神秘的 *Meconopsis sherriffii*。

我第一次看到这个美丽而神秘的物种，是在2000年吉田外司夫先生出版的植物画册中，拍摄于不丹山中的 *Meconopsis sherriffii* 照片。

1936年夏，这个拥有鲜明粉红色花瓣的珍稀物种首次被英国植物探险家乔治·谢里夫在西藏山南地区发现，并进行了花期标本采集。

1937年，英国植物学家乔治·泰勒以发现者乔治·谢里夫之名，记载了这个绿绒蒿属的美丽物种。1938年，乔治·泰勒随植物探险家弗兰克·卢德洛对藏东进行考察后，专程对乔治·谢里夫发现地进行了探访。但是他们到达时花期已过，仅采集到了种子。

1949年，弗兰克·卢德洛在不丹山中再次发现 *Meconopsis sherriffii*。1992年，吉田外司夫先生在不丹发现并拍摄到 *Meconopsis sherriffii*。

时隔82年后的2018年，我在TBIC西藏生物多样性影像调查期间，于西藏的山南地区隆子县寻找到了 *Meconopsis sherriffii*。我想中文名也应是种小名 *sherriffii* 的直译——谢氏绿绒蒿。深感荣幸能将拍摄于模式标本地的照片首次呈现于本书之中。

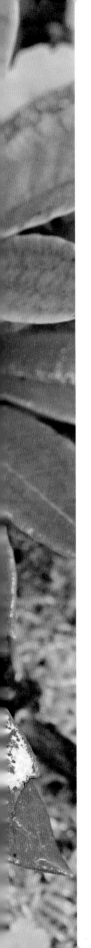

树形杜鹃

Rhododendron arboreum

杜鹃花科 杜鹃属

常绿乔木，高3~5米；从基部分枝；树皮灰褐色，片状剥落。叶革质，长圆状披针形或长圆状倒披针形，边缘反卷，上面鲜绿色，后变为无毛，下面银白色，被有一层紧密的灰白色至黄褐色薄毛被，薄膜状有时稍增厚。顶生总状伞形花序，有花约20朵，紧密；花冠管状钟形，肉质，紫红色至深血红色。蒴果长圆状圆柱形，直或微弯曲，有绒毛及腺体残迹。花期5月，果期8月。生长于海拔1500~3550米的溪谷林下或栎林中。在我国分布于贵州西部和西藏南部。

蜿蜒杜鹃

Rhododendron bulu

杜鹃花科 杜鹃属

常为蜿蜒状蔓生灌木，罕见直立，高30~160厘米。当年生枝亮褐色，密被鳞片。叶散生短枝，叶片椭圆形、椭圆状卵形或长圆状椭圆形。花序顶生或腋生于最上部的2~3片叶腋，伞形，有花1~3朵；花冠漏斗状，粉红带紫色、洋红色至深紫色或偶为白色，喉部被短柔毛，外面偶被短柔毛。蒴果卵圆形，长约5毫米，密被鳞片。花期5—6月，果期7—9月。生长于海拔2900~3900米的桦木林下、针阔叶混交林下、灌丛中、开阔的林地及林缘。在我国分布于西藏东南部、西南部及南部。

毛花杜鹃
Rhododendron hypenanthum

杜鹃花科 杜鹃属

　　常绿小灌木，高30~80厘米。分枝短而细挺，被小刚毛和鳞片；叶芽鳞宿存，常数年不落。叶革质，芳香，为椭圆形、长圆状椭圆形或倒卵状椭圆形。花序顶生，近伞形，有花5~7朵，花芽鳞宿存；冠狭筒状漏斗形，浅黄至深黄、奶黄或柠檬黄色，外面无鳞片。蒴果卵圆形，被鳞片，被包于宿存的花萼内。花期5—7月，果期8—9月。生长于海拔3500~4500米的山坡灌丛中，常为高山杜鹃灌丛内的优势种。在我国分布于西藏南部和东南部。

鳞腺杜鹃

Rhododendron lepidotum

杜鹃花科 杜鹃属

　　常绿小灌木，高50~150厘米。小枝细长，有疣状突起，被密鳞片，无刚毛或有时有刚毛。叶薄革质，集生枝顶，变异极大，倒卵形、倒卵状椭圆形、长圆状披针形至披针形。花序顶生，伞形，具1~3朵花；花冠宽钟状，花色多变，淡红、深红至紫色、白色、淡绿至黄色。蒴果有密鳞片，花萼宿存。花期5—7月，果期7—9月。生长于海拔3000~3600米的杂木林、针阔叶混交林、冷杉林、云南松林、杜鹃灌丛或高山灌丛草地。在我国分布于四川西部、云南西北部、西藏南部及东南部。

髯花杜鹃

Rhododendron anthopogon

杜鹃花科 杜鹃属

常绿小灌木，高50~100厘米。常呈匍匐状或平卧状。分枝细密而交错，疏具小刚毛，幼叶被棕褐色鳞片。叶革质、芳香，倒卵状椭圆形或卵形，罕见正圆形。花序顶生，近伞形，有花4~6朵，花芽鳞宿存；花冠狭筒状漏斗形，粉红色或稍黄白色，外面光滑，无鳞片。蒴果卵球形，被鳞片，被包于宿存的花萼内。花期4—6月，果期7—8月。生长于海拔3000~4500米的开阔多石坡地、岩壁或高山桧灌丛中。在我国分布于西藏南部。

雪层杜鹃

Rhododendron nivale

杜鹃花科 杜鹃属

常绿小灌木，分枝多而稠密，常平卧呈垫状，高60~90厘米。幼枝褐色，密被黑褐色鳞片。叶簇生于小枝顶端或散生，革质，椭圆形、卵形或近圆形，边缘稍反卷。花序顶生，有1~2朵；花冠宽漏斗状，花色为粉红、丁香紫至鲜紫色，花管长度是裂片的1/3~1/2。蒴果圆形至卵圆形，被鳞片。花期5—8月，果期8—9月。生长于海拔3200~5800米的高山灌丛、冰川谷地、草甸，常为杜鹃灌丛的优势种。在我国分布于西藏。

刚毛杜鹃

Rhododendron setosum

杜鹃花科 杜鹃属

　　常绿小灌木，直立，高10~30厘米。幼枝被开展的脱落性刚毛，并密被微柔毛和鳞片；叶革质，卵形、椭圆形、长圆形至倒卵形。花序顶生，伞形，具1~3朵花；花冠宽漏斗状，紫红色，花管较裂片稍短，内面被短柔毛，裂片开展，无毛及鳞片。蒴果长5~6毫米，长圆状卵形，密被鳞片，为宿存萼包被。花期4—5月，果期7—9月。生长于海拔3500~4800米的高山草坡、草甸、山坡灌丛、灌丛草地及杜鹃灌丛中。在我国分布于西藏东南部及南部。

铜钱叶白珠

Gaultheria nummularioides

杜鹃花科 白珠树属

常绿匍匐灌木，高30~40厘米；茎细长如铁丝状，多分枝，有棕黄色糙伏毛。叶宽卵形或近圆形，革质，近全缘，但边缘有小齿形的水囊体，每齿顶端生一棕色长刚毛。花单生长于叶腋，下垂；花冠卵状坛形，粉红色至近白色，口部5裂，裂片直立。浆果状果球形，蓝紫色，肉质，无毛；种子小，多数。花期7—9月，果期10—11月。生长于海拔2000米左右的山坡岩石上或杂木林中，常呈垫状。在我国分布于四川西部、云南西北部、西藏东南部。

岩须

Cassiope selaginoides

杜鹃花科 岩须属

　　常绿矮小半灌木；枝条多而密，外倾上升或铺散呈垫状，无毛，密生交互对生的叶。叶硬革质，披针形至披针状长圆形。花单朵腋生；花冠乳白色，宽钟状，两面无毛，口部5浅裂，裂片宽三角形。蒴果球形，无毛，花柱宿存。花期4—5月，果期6—7月。生长于海拔2900~3500米的灌丛中或垫状灌丛草地。在我国分布于四川西部、云南西北部、西藏东南部。

葶立钟报春
Primula firmipes

报春花科 报春花属

多年生草本。根状茎短，具纤维状须根。叶丛高3~25厘米；叶片卵形或卵状矩圆形以至近圆形，边缘具稍深的圆齿状牙齿；叶柄长2~20厘米，具膜质狭翅，基部增宽呈鞘状。花葶纤细，顶端微被黄粉；伞形花序2~8朵花；花冠黄色，冠筒长约10毫米，喉部无环状附属物。蒴果与花萼等长或稍长于花萼。花期5—6月。生长于海拔3000~4500米的高山多石的草地。在我国分布于云南西北部和西藏东南部。

斜花雪山报春

Primula obliqua

报春花科　报春花属

多年生粗壮草本。根状茎粗短，具肉质长根。叶丛基部由鳞片、叶柄包叠成假茎状。叶片披针形、倒披针形或狭倒卵形，边缘具整齐的锯齿或圆锯齿。花葶上部被淡黄色粉；伞形花序1轮，通常具5~6朵花；花冠淡黄色或白色。蒴果筒状，与花萼等长或稍伸出花萼。花期6—7月，果期8—9月。生长于海拔3000~4100米的湿草地和林下。在我国分布于西藏南部（吉隆、聂拉木、亚东）。

球毛小报春

Primula primulina

报春花科 报春花属

多年生小草本。叶丛稍密，基部具粗短根茎和残留枯叶。叶匙形或倒披针形，边缘具羽裂状深齿，齿近线形。花葶高2~9厘米，疏被小腺体；花2~4朵顶生，近于无梗；花冠紫色或蓝紫色，稀见白色。蒴果稍短于花萼。花期7月。生长于海拔4000~5000米的高山草地和杜鹃林下。在我国分布于西藏。

花苞报春

Primula involucrata

报春花科 报春花属

全株无粉。叶片卵形、长圆形或三角状圆形，边缘全缘或具不明显的稀疏小牙齿。花葶高10~30厘米；花通常2~6朵组成顶生伞形花序；花冠白色或稍染粉红晕，喉部周围黄色，具环。蒴果长圆形，比花萼略长。花期6—7月。生长于海拔3200~3800米的林间空地、湿润草甸或水沟边。在我国分布于西藏的吉隆、亚东等地。

大圆叶报春

Primula rotundifolia

报春花科 报春花属

多年生草本。根状茎短，具多数纤维状须根。叶丛基部外围有卷曲的枯叶和少数卵形褐色鳞片。叶片圆形至肾形，边缘具三角形粗钝牙齿，上面被短柔毛，下面被短柔毛和白粉。花葶高4~18厘米，被短柔毛；伞形花序3~15朵花；花冠蓝紫色或淡紫色，冠筒口周围白色或黄色。蒴果卵圆形，稍短于花萼。花期6月，果期7月。生长于海拔4300~5000米的石缝中。分布于我国西藏。

金黄脆蒴报春

Primula strumosa

报春花科 报春花属

多年生草本，具粗短的根状茎和肉质长根。叶丛基部鳞片和叶柄包叠成假茎状；鳞片卵形至卵状矩圆形，长可达5厘米，背面被黄粉。叶倒披针形至倒卵形，稀为椭圆形，边缘具小圆齿或牙齿。初花时花葶高7~18厘米，后渐伸长，果期高可达35厘米，上部被黄粉；伞形花序1轮，6朵或多花；花冠黄色，冠筒口周围橙黄色。花期5—6月，果期7—8月。生长于海拔3600~4300米的山坡草地和冷杉、杜鹃林下。分布于我国西藏南部（聂拉木、吉隆）。

钟状垂花报春
Primula wollastonii

报春花科 报春花属

　　多年生草本，具粗短的根状茎和多数纤维状长根。叶丛开展，基部常有残存枯叶；叶倒披针形至倒卵形，边缘具不整齐的疏牙齿、圆齿或近全缘，两面均密被白色多细胞柔毛，无粉或下面被白粉。花葶高9~20厘米，下部被小腺体，近顶端微被粉；花无梗，下垂，2~6朵生于花葶端；花冠钟状，深紫色或鲜蓝色，冠筒下部狭窄的管状部分约与花萼等长。花期6月。生长于海拔3900~4700米的山坡湿润草地和砾石堆中。分布于我国西藏南部。

杂色钟报春

Primula alpicola

报春花科 报春花属

　　多年生粗壮草本，具粗短的根状茎和多数长根，除花序外，无粉状附属物。叶矩圆形至矩圆状椭圆形，边缘具小牙齿或小圆齿。花葶高15~90厘米，顶端微被粉；伞形花序通常2~4轮，每轮5朵至多花；花冠黄色、紫色或白色，冠筒口周围被黄粉。蒴果筒状，稍长于花萼。花期7月。生长于海拔3000~4600米的水沟边、灌丛下和林间草甸。分布于我国西藏东南部。

菊叶穗花报春
Primula bellidifolia

报春花科 报春花属

多年生草本。根状茎短，具多数纤维状须根。叶倒披针形至矩圆形，边缘具浅钝牙齿，两面均被白色或淡褐色柔毛，无粉或下面被白粉。花葶高10~38厘米，无毛或微被毛，顶端多稍被白粉；花反折向下，通常7~15朵组成头状或短总状花序；花冠红紫色至淡蓝紫色。蒴果卵圆形，长于宿存花萼。生长于海拔4200~5300米的多石山坡和杜鹃丛或冷杉林下。分布于我国西藏南部。

亮白小报春

Primula candicans

报春花科 报春花属

多年生小草本，株高2.5~3厘米，具粗短的根状茎，常聚生呈垫状密丛。叶丛基部具残存枯叶，叶片倒卵形至倒披针形或匙形，中部以上边缘具小牙齿，下半部近全缘，上面稀疏、下面较密被乳黄色粉。花葶短于叶丛，被粉；花单生或2~4朵组成伞形花序；花冠蓝紫色，外面疏被粉，冠筒喉部无环状附属物，筒口周围白色。蒴果稍短于花萼。花期5月。生长于海拔4100~4200米的岩石上。分布于我国西藏。

短葶圆叶报春
Primula caveana

报春花科　报春花属

多年生草本。根状茎粗短，具多数纤维状长根。叶丛基部外围有卷曲的枯叶或有时具少数覆叠的鳞片。叶片矩圆形、椭圆形、倒卵形或近圆形，边缘具深牙齿，上面密被小腺毛，下面密布白粉，遮蔽叶脉。花葶高2~12厘米，疏被粉质小腺体；伞形花序1~9朵花；花冠淡紫色，冠筒口周围柠檬黄色，喉部具环状附属物。蒴果卵球形，稍短于花萼。花期6月。生长于海拔4800~5000米的背阴的石缝中。分布于我国西藏南部（亚东、朗县）。

滇藏掌叶报春

Primula geraniifolia

报春花科 报春花属

多年生草本。根状茎稍纤细，具多数须根。叶2~4片丛生，有时自叶腋生出匍匐枝；叶片轮廓圆形，直径3~8厘米，基部深心形，边缘掌状7~9裂。花葶高10~30厘米，被毛同叶柄，但较稀疏；伞形花序3~12朵花，顶生或偶有第二轮花序出现；花冠深粉红色至紫色。蒴果长圆形，约与花萼等长。花期6—7月，果期7月。生长于海拔3000~4000米的林缘和灌丛中。分布于我国西藏和云南西北部。

亚东灯台报春

Primula smithiana

报春花科 报春花属

多年生草本。根茎极短，向下发出多数粗长的支根和纤维状须根。叶片长圆状倒披针形至倒披针形，边缘具近于整齐的细密牙齿，两面无毛，无粉或下面被稀薄的黄粉。花葶高20~65厘米，具伞形花序2~5轮，每轮具5~12朵花；花冠淡黄色，花冠筒喉部具环状附属物。蒴果球形，稍长于花萼。花期6—9月。生长于海拔2400~2700米的河谷针阔叶混交林下和林缘草地中。在我国分布于西藏南部。

吉隆瓦韦

Lepisorus gyirongensis

水龙骨科 瓦韦属

　　植株高15~23厘米。根状茎细长横走，密被鳞片；鳞片卵圆披针形，短渐尖头，中部网眼狭长形，壁加厚，透明，近褐色。叶远生；叶片披针形，短渐尖头，基部楔形，长下延，干后两面均为灰绿色，或棕色，边缘平直或略反卷，纸质或薄草质。孢子囊群近圆形，聚生于叶片1/3以上的部分，位于主脉与叶边之间，略靠近主脉，彼此相距约等于一个孢子囊群体积，幼时被隔丝覆盖。附生在海拔2380米的林下岩石上（照片是长在树上）。仅分布于西藏吉隆。

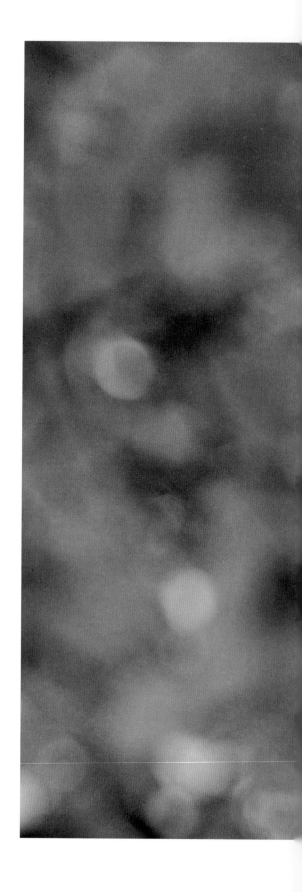

弯弓假瘤蕨

Selliguea albidoglauca

水龙骨科 假瘤蕨属

附生植物。根状茎横走，密被鳞片；鳞片披针形，顶端渐尖，边缘有尖齿，盾状着生处栗黑色，中部深棕色，边缘和顶端淡棕色。叶远生；叶柄长，紫色或禾秆色，无毛；叶片羽状深裂，基部心形。叶脉明显，侧脉曲折，几乎达叶边。叶近革质，两面无毛，上面绿色，下面苍白色。孢子囊群圆形，在中脉两侧各一行，居中或略靠近中脉着生。附生于海拔2800~3700米的树干上或石上。在我国分布于云南、四川和西藏。

柔毛水龙骨

Polypodiodes amoena var. pilosa

水龙骨科 水龙骨属

附生植物。根状茎横走，密被鳞片；鳞片披针形，暗棕色，基部阔。叶远生；叶柄禾秆色，光滑无毛；叶片卵状披针形羽状深裂。叶脉极明显，网状。叶厚纸质，干后黄绿色，两面无毛，背面叶轴及裂片中脉具有较多的披针形、褐色鳞片。孢子囊群圆形，在裂片中脉两侧各1行，着生于内藏小脉顶端，位于中脉与边缘之间，无盖。附生于海拔1000~2500米的石上或大树干基部。在我国分布于云南、西藏、四川、贵州、广西、广东、湖南、湖北、江西、浙江、安徽、山西。

濑水龙骨
Polypodiodes lachnopus

水龙骨科 水龙骨属

附生植物。根状茎长而横走,密被鳞片;鳞片基部阔,盾状着生,褐色。叶远生;叶柄禾秆色,光滑无毛;叶片线状披针形,羽状深裂,浅心形,顶端羽裂渐尖。叶脉网状,具内藏小脉。叶纸质,叶轴上面及裂片的中脉疏被短柔毛,叶片背面无毛但疏被鳞片。孢子囊群圆形,在裂片中脉两侧各1行,着生于内藏小脉顶端,位于中脉与边缘之间,无盖。附生于海拔1700~2500米的树干上或石上。在我国分布于西藏、云南、四川。

少花棘豆

Oxytropis pauciflora

豆科 棘豆属

多年生草本，高5~10厘米。茎短缩。羽状复叶长3~8厘米；托叶草质，长卵形，基部与叶柄贴生，彼此合生至中部；叶柄与叶轴疏被贴伏白色短柔毛。3~5朵花组成近伞形短总状花序；花萼钟状，密被贴伏黑色短柔毛，有时也混生一些白色短柔毛，萼齿披针形；花冠蓝紫色，瓣片宽圆形，先端深凹。花期6—7月。生长于海拔4500~5550米的高山石质山坡、高山灌丛草甸、高山草甸、河漫滩草地和沟边草地。在我国分布于新疆（阿尔泰山至天山）和西藏等地。

小叶棘豆

Oxytropis microphylla

豆科 棘豆属

多年生草本，灰绿色，高5~30厘米，有恶臭。茎短缩，丛生，基部残存密被白色棉毛的托叶。轮生羽状复叶长5~20厘米；托叶膜质，于很高处与叶柄贴生，彼此于基部合生，分离部分三角形，先端尖，密被白色棉毛。花多组成头形总状花序，花后伸长；花葶较叶长或与之等长，密被开展的白色长柔毛；花冠蓝色或紫红色，瓣片宽椭圆形，先端微凹或2浅裂或圆形。花期5—9月，果期7—9月。生长于海拔3200~3700米的沟边沙地上。在西藏，可生长于海拔4000~5000米的山坡草地、砾石地、河滩和田边。在我国分布于东北的西部以及内蒙古、新疆和西藏。

冰川棘豆

Oxytropis proboscidea

豆科 棘豆属

多年生草本，高3~17厘米。茎极短缩，丛生。羽状复叶长2~12厘米；托叶膜质，卵形，与叶柄离生，彼此合生，密被绢状长柔毛；小叶9~19片，长圆形或长圆状披针形，两面密被开展绢状长柔毛。6~10朵花组成球形或长圆形总状花序；总花梗密被白色和黑色卷曲长柔毛；花冠紫红色、蓝紫色，偶有白色。荚果草质，卵状球形或长圆状球形，膨胀，喙直，腹缝微凹，密被开展白色长柔毛和黑色短柔毛。花果期6—9月。生长于海拔4500~5300米的山坡草地、砾石山坡、河滩砾石地、沙质地。在我国分布于西藏。

紫花野决明

Thermopsis barbata

豆科 野决明属

多年生草本，高8~30厘米。根状茎甚粗壮。茎直立，分枝，具纵槽纹，花期全株密被白色或棕色伸展长柔毛，具丝质光泽，果期渐稀疏，茎下部叶4~7片轮生。三出复叶；具短柄；托叶叶片状，稍窄于小叶，两者颇难区别。总状花序顶生，疏松；花冠紫色，干后有时呈蓝色，旗瓣近圆形，先端凹缺，基部截形或近心形，翼瓣和龙骨瓣近等长。花期6—7月，果期8—9月。生长于海拔2700~4500米的河谷和山坡。在我国分布于青海、新疆、四川西部、云南西北部和西藏。

披针叶野决明
Thermopsis lanceolata

豆科 野决明属

    多年生草本，高12~30厘米。茎直立，分枝或单一，具沟棱，被黄白色贴伏或伸展柔毛。3小叶；托叶叶状、卵状披针形，先端渐尖，基部楔形；小叶狭长圆形、倒披针形，上面通常无毛，下面多稍被贴伏柔毛。总状花序顶生，排列疏松。花冠黄色，旗瓣近圆形，先端微凹，基部渐狭成瓣柄，瓣柄长7~8毫米。荚果线形，先端具尖喙，被细柔毛，黄褐色，种子6~14粒。花期5—7月，果期6—10月。生长于草原沙丘、河岸和砾滩。在我国分布于西藏、内蒙古、河北、山西、陕西、宁夏、甘肃。

二尖齿黄耆
Astragalus multiceps

豆科 黄耆属

    小灌木，高15~20厘米。茎稍短缩，分枝，基部宿存簇生、坚硬、针刺状叶轴。偶数羽状复叶，具7~12对小叶。总状花序生2~4朵花，稀疏；总花梗短；花冠黄色，旗瓣长圆状倒卵形，先端微凹，基部渐狭，翼瓣较旗瓣稍短，瓣片长圆形，先端钝尖，基部具短耳，瓣柄与瓣片近等长，龙骨瓣长约15毫米，瓣片半卵形，长约为瓣柄的1/2。种子约10粒，肾形。花期6—7月。生长于海拔4000米以上的石砾滩地。在我国分布于西藏西南部。

团垫黄耆

Astragalus arnoldii

豆科 黄耆属

多年生垫状草本，高2~3厘米。根粗壮，木质化。茎极短缩，被密毛。羽状复叶有3~5片小叶。总状花序的花序轴短缩，生1~2朵花；花冠蓝色，旗瓣长8~9毫米，瓣片近圆形，先端微凹，下部渐狭成瓣柄，翼瓣长5~6毫米，瓣片长圆形，先端圆或微尖，瓣片与瓣柄等长，龙骨瓣长4~5毫米，瓣片半圆形，瓣片与瓣柄等长。花期7—8月，果期8—9月。生长于海拔4000~5000米的湖畔、山坡、河谷等处的沙砾地带。在我国分布于西藏（仲巴、亚东、定结）。

亚东黄耆

Astragalus yatungensis

豆科 黄耆属

　　小半灌木。茎下部木质，多分枝，无毛或散生白色短伏毛。羽状复叶具11~15片小叶，连同叶轴上面疏生短毛；小叶对生或近对生，倒卵形，上面无毛，下面被白色贴伏毛。总状花序生3~5朵花；花冠紫红色，旗瓣瓣片圆形，翼瓣较旗瓣微短或近等长，瓣片长圆形，龙骨瓣与翼瓣近等长，瓣片近倒卵形。荚果微膨胀，长圆形，含数颗种子。花期8月，果期9月。生长于海拔2960~3300米的山坡松林下。分布于我国西藏南部（亚东、聂拉木）。

笔直黄耆
Astragalus strictus

豆科 黄耆属

多年生草本。根圆柱形，淡黄褐色。茎丛生，直立或上升，高15~28厘米，疏被白色贴伏毛，有细棱，分枝。羽状复叶有19~31片小叶；小叶对生，长圆形至披针状长圆形。总状花序生多数花，密集而短；花冠紫红色，旗瓣宽倒卵形，翼瓣先端钝，基部耳向内弯，龙骨瓣瓣片半圆形。荚果狭卵形或狭椭圆形，含4~6颗种子。花期7—8月，果期8—9月。生长于海拔2900~4800米间的山坡草地、河边湿地、石砾地及村旁、路旁、田边。在我国分布于西藏东部及南部、云南西北部。

毛柱膨果豆
Phyllolobium heydei

豆科 膨果豆属

根状茎圆柱形，近木质，黄褐色。茎单一或2~3枝生长于根状茎顶部，疏被银白色毛或无毛。羽状复叶具13~19片小叶；小叶长圆形或倒卵状长圆形，上面近无毛或散生白色毛，下面被白色硬直毛，密集或重叠。总状花序呈伞形，生2~4朵花，较叶稍长；花冠紫红色，顶端色较深，旗瓣瓣片圆形，翼瓣瓣片长圆形，龙骨瓣瓣片近倒卵形。荚果紫色，长圆形或椭圆形，含多颗种子；种子褐色，肾形。花期7月，果期8月。生长于海拔4572~5300米的高山地带沙砾地。在我国分布于青海南部、西藏西部和南部。

圆锥山蚂蝗
Desmodium elegans

豆科 山蚂蝗属

　　多分枝灌木，高1~2米。小枝被短柔毛至渐变无毛。叶为羽状三出复叶，小叶3片；托叶早落，狭卵形，外面疏生柔毛，边缘有睫毛。花序顶生或腋生，顶生者多为圆锥花序，腋生者为总状花序，总花梗密被或疏生小柔毛；花通常2~3朵生于每一节上；花冠紫色或紫红色，旗瓣宽椭圆形或倒卵形，先端微凹，圆形，基部楔形，翼瓣、龙骨瓣均具瓣柄，翼瓣具耳。花果期6—10月。生长于海拔1000~3700米的松、栎林缘或林下，山坡路旁或水沟边。在我国分布于陕西西南部、甘肃、四川、贵州西北部、云南西北部和西藏。

云雾雀儿豆
Chesneya nubigena

豆科 雀儿豆属

　　垫状草本。茎极短缩，基部木质，多分枝，上部为覆瓦状的宿存叶柄和托叶所包裹。羽状复叶有5~21片小叶；小叶长圆形，先端锐尖，基部圆或微偏斜，两面密被开展的长柔毛。花单生；花冠黄色，旗瓣瓣片近宽卵形或近圆形，翼瓣长18~28毫米，龙骨瓣与翼瓣近等长，无耳。荚果长椭圆形，疏被长柔毛，微扁，果瓣革质。花期7月，果期8月。生长于海拔3600~5300米的山坡和碎石山坡。在我国分布于云南西北部、西藏南部至西部。

紫花雀儿豆

Chesneya purpurea

豆科 雀儿豆属

　　垫状草本。茎极短缩，高3~7厘米，基部木质，多分枝，上部为残存的托叶与叶柄所包裹。羽状复叶长有13~17片小叶；托叶线形，顶端全缘或有2~3片裂片；小叶长圆形或狭长圆形，两面密被开展的长柔毛。花单生；花萼管状，密被白色开展的短柔毛；花冠紫色，瓣片扁圆形，背面密被白色短柔毛，瓣柄比瓣片稍短。荚果长圆形，果瓣革质，密被白色短柔毛。花期7月，果期8月。生长于海拔4400~5200米的山坡或石质山坡。在我国分布于西藏南部。

藏豆

Hedysarum tibeticum

豆科 藏豆属

多年生草本，高3~5厘米。根纤细，具细长的根茎。茎短缩，不明显，被托叶所包围。叶长4~8厘米，仰卧；小叶通常11~15片，小叶片长卵形或椭圆形，先端钝圆，基部楔形，两面被长柔毛，上面的毛常卷曲或有时近无毛。总状花序腋生，等于或短于叶，总花梗和花序轴被柔毛；花一般3~6朵，近伞房状排列；花冠玫瑰紫色或深红色，旗瓣倒长卵形，翼瓣狭长圆形，龙骨瓣与旗瓣近等长。花期7—8月，果期8—9月。生长于高寒草原的沙质河滩、阶地、洪积扇冲沟和其他低凹湿润处。在我国分布于西藏、青海（玉树）。

苞叶木蓝
Indigofera bracteata

豆科 木蓝属

　　直立或匍匐状矮小灌木或亚灌木。分枝细长，幼枝初被少量平贴丁字毛，后变无毛。小叶2~3对，对生，膜质，椭圆形或倒卵状椭圆形，上面淡绿色，下面苍白色，两面被丁字毛。总状花序呈塔形；花序轴被白色平贴毛；花冠淡紫色或白色，旗瓣阔卵形；翼瓣边缘具毛；龙骨瓣长约11毫米，距长约1毫米。花期5—7月。生长于海拔2700~3000米的山坡林间草地。在我国分布于西藏（聂拉木、樟木、吉隆）。

紫雀花
Parochetus communis

豆科 紫雀花属

　　匍匐草本，高10~20厘米，被稀疏柔毛。根茎丝状，节上生根，有根瘤。掌状三出复叶；托叶阔披针状卵形，膜质，无毛，全缘；小叶倒心形，基部狭楔形，边全缘，或有时呈波状浅圆齿，上面无毛，下面被贴伏柔毛。伞状花序生长于叶腋，具花1~3朵；花冠淡蓝色至蓝紫色，偶为白色和淡红色。荚果线形，无毛，先端斜截尖，有种子8~12粒。种子肾形，棕色，有时具斑纹。花果期4—11月。生长于海拔2000~3000米的林缘草地、山坡、路旁荒地。在我国分布于四川、云南、西藏。

尼泊尔黄花木
Piptanthus nepalensis

豆科 黄花木属

灌木，高1.5~3米。茎圆柱形，具沟棱，被白色棉毛。叶柄上面具阔槽，下面圆凸，密被毛；小叶披针形、长圆状椭圆形或线状卵形，硬纸质，上面无毛，暗绿色，下面初被黄色丝状毛和白色贴伏柔毛。总状花序顶生，花后几不伸长，密被白色棉毛，不脱落；花冠黄色。种子肾形，压扁，黄褐色。花期4—6月，果期6—7月。生长于海拔3000米左右的山坡针叶林缘、草地灌丛或河流旁。在我国分布于西藏。印度、尼泊尔也有分布。

亚东高山豆
Tibetia yadongensis

豆科 高山豆属

　　多年生草本，主根直下，上部增粗。根茎具多年生、长而分枝的分茎，常伏地生根。叶长3~5.5厘米；托叶膜质，宽卵形，外面被柔毛，内面无毛。叶柄具沟，被疏柔毛；小叶7~15片，具极短小叶柄，椭圆形至倒心形，两面被稀疏柔毛。伞形花序具1朵有时2朵花；总花梗具沟，被疏柔毛，花几与叶等长；花冠紫色，旗瓣近圆形，翼瓣斜倒卵形，龙骨瓣近三角形，与线形瓣柄等长。荚果圆柱状。种子肾形，平滑。花期5—6月，果期7—9月。生长于海拔3000~4100米的干燥山坡草地、石隙或灌丛林下。在我国分布于西藏中、东部。

百脉根

Lotus corniculatus

豆科 百脉根属

多年生草本，高15~50厘米，全株散生稀疏白色柔毛或秃净。茎丛生，平卧或上升，实心，近四棱形。羽状复叶小叶5片；叶轴疏被柔毛，顶端3片小叶。伞形花序；总花梗长3~10厘米；花3~7朵集生长于总花梗顶端；花冠黄色或金黄色，干后常变蓝色，旗瓣扁圆形，翼瓣和龙骨瓣等长，均略短于旗瓣。荚果直，线状圆柱形，褐色，二瓣裂，扭曲；有多数种子，种子细小，卵圆形，灰褐色。花期5—9月，果期7—10月。生长于湿润而呈弱碱性的山坡、草地、田野或河滩地。在我国分布于西北、西南和长江中上游各省区。

高原犁头尖
Sauromatum diversifolium

天南星科 斑龙芋属

多年生矮小草本，高10~15厘米。块茎近球形，茎部周围生长约5厘米的纤维状根。叶与花序同时于鳞叶之后抽出。叶柄中部以下具鞘；叶片多变，卵状披针形或戟形。佛焰苞外面绿色，内面深紫色，管部长圆形，上部略狭缩。肉穗花序：雌花序长5毫米，粗3毫米；中性花序长2厘米，粗约1毫米；雄花序长5毫米，粗1~2毫米。花期7月。生长于海拔3300~3700米的草坝、地边或高山草地。在我国分布于四川西部、云南西北部至西藏南部（吉隆）。

网檐南星
Arisaema utile

天南星科 天南星属

块茎扁球形，直径3~5厘米，常具小球茎。鳞叶狭，锐尖。叶片3片，全裂，绿色，边缘红色，脉凸起，常在背面呈红色。佛焰苞管部圆柱形，紫褐色具白条纹；檐部倒卵形，暗紫褐色，背面有清晰的白色纵脉，近边缘有白色网脉。肉穗花序单性，雄花具长柄，马蹄形开裂；雌花序圆锥形，子房倒卵圆形，绿色，花柱极短，暗紫色。附属器鞭状，褐色，散布紫色小斑点，远伸出于佛焰苞外。花期5—6月。生长于海拔2300~4000米的灌丛、铁杉林、冷杉林、冷杉桦木林、杜鹃林以及高山草地等群落。在我国分布于云南西北部、西部和西藏南部。

曲序南星
Arisaema tortuosum

天南星科　天南星属

　　块茎扁球形，直径2~6厘米，内面白色，鳞叶数片，与叶柄具暗绿色或紫色大理石花纹。叶片鸟足状分裂，裂片5~17片，形状多变异，具短柄或无柄，侧脉多数，表面略下凹，集合脉与边缘较远离，侧裂片依次渐小。暗紫色，较粗壮。雄花具长柄，黄色或紫色，常细尖，纵裂，裂缝长圆形。花期6月，果8月成熟。生长于海拔2200~3900米的多石山坡、地边乱石堆或河边丛林中。在我国分布于四川西南部、云南西北部至西部、西藏南部。

一把伞南星
Arisaema erubescens

天南星科　天南星属

　　块茎扁球形，表皮黄色，有时淡红紫色。鳞叶绿白色、粉红色，有紫褐色斑纹。叶1片，极稀2片；叶片放射状分裂，裂片无定数。佛焰苞绿色，背面有清晰的白色条纹，或淡紫色至深紫色而无条纹。肉穗花序单性。雄花具短柄，淡绿色、紫色至暗褐色。雌花子房卵圆形，柱头无柄。浆果红色，种子1~2粒，球形，淡褐色。花期5—7月，果9月成熟。生长于海拔3200米以下的林下、灌丛、草坡、荒地。除内蒙古、黑龙江、吉林、辽宁、山东、江苏、新疆外，我国其他各省区都有分布。

黄苞南星
Arisaema flavum

天南星科 天南星属

块茎近球形。鳞叶3~5片，锐尖。叶1~2片，叶柄长12~27厘米；叶片鸟足状分裂，裂片5~11片，长圆披针形或倒卵状长圆形，亮绿色。佛焰苞为本属中最小的，长2.5~6厘米，管部卵圆形或球形，黄绿色，喉部略缢缩，上部通常深紫色，具纵条纹。肉穗花序两性。果序圆球形，具宿存的附属器；浆果干时黄绿色，倒卵圆形；种子3粒，卵形或倒卵形，浅黄色。花期5—6月，果期7—10月。生长于海拔2200~4400米的碎石坡或灌丛中。在我国分布于西藏南部至东南部和四川西部、云南西北部。

藏南绿南星
Arisaema jacquemontii

天南星科 天南星属

块茎近球形。鳞叶1~2片，下部筒状，上部宽线形，钝或锐尖。叶1~2片；叶片掌状或鸟足状分裂，裂片5片，卵形，长圆形或倒披针形，中裂片通常较为宽大，侧脉不整齐。佛焰苞绿色，内面淡绿色；管部圆柱形，喉部边缘斜截形或稍外卷。肉穗花序单性，雄花序圆锥形，花疏，有时上部具中性花；雌花序花密。花期6—7月。常见于海拔3000~4000米的高山针叶林的林间隙地或五花草甸上。在我国分布于西藏南部。

藏南星
Arisaema propinquum

天南星科 天南星属

　　块茎扁球形。鳞叶披针形，内面长10厘米。叶2片，叶柄长15~50厘米。叶片3片全裂，裂片无柄或具短柄，绿色，中裂片扁菱状卵形。佛焰苞暗紫色或绿色，具白色条纹，管部短圆柱形，暗紫色，具清晰的白色纵条纹。肉穗花序单性，雄花序花疏，雄花具柄，花药2~4个，马蹄形开裂；雌花序花密，子房卵圆形，柱头无柄。花期5—6月。生长于海拔2700~3900米的地区。在我国分布于西藏东南部。

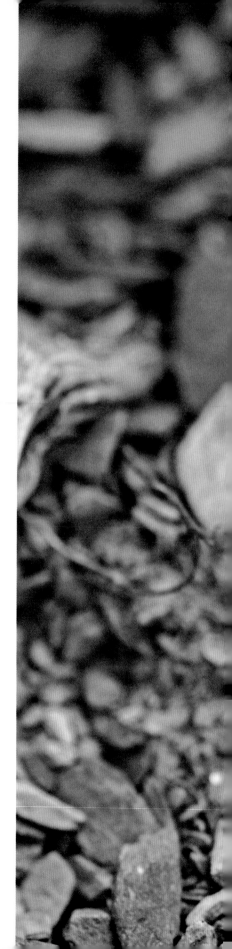

紫花糖芥

Erysimum funiculosum

十字花科 糖芥属

　　多年生草本，全株有丁字毛。茎短缩，根颈多头，或再分枝，在地面有多数叶柄残余。基生叶莲座状，叶片长圆状线形，顶端急尖，基部渐狭，全缘；花瓣浅紫色，匙形，顶端圆形或截平，有脉纹，具爪。长角果长圆形，四棱，坚硬，顶端稍弯曲。种子卵形或长圆形，长约1毫米。花期6—7月，果期7—8月。生长于高山草甸、流石滩上。在我国分布于甘肃、青海、西藏。

外折糖芥
Erysimum deflexum

十字花科 糖芥属

　　多年生草本，高2~10厘米；全株有贴生丁字毛。根茎匍匐，茎短缩。基生叶丛生，叶片线状匙形或长圆形，全缘或有细齿。总状花序有少数花；萼片长圆形；花瓣黄色，倒卵形，有长爪。长角果线形，弯曲，有贴生丁字毛，果瓣具1条中脉。种子长圆形，褐色。花期5—7月，果期7—8月。生长于海拔3660~4550米高山碎石堆上。在我国分布于西藏。

山柳菊叶糖芥

Erysimum hieraciifolium

十字花科 糖芥属

　　两年或多年生草本；茎直立，稍有棱角，不分枝或少有分枝，具2~4叉毛。基生叶莲座状，变化很大，叶片椭圆状长圆形至倒披针形，顶端圆钝有小凸尖，基部渐狭，疏生波状齿至近全缘；茎生叶略似基生叶或线形，近无柄或无柄。总状花序有多数花，下部花有线形苞片；花瓣鲜黄色，倒卵形，顶端圆形，具长爪。花期6—7月，果期7—8月。生长于海拔2740~3800米的高山草地。在我国分布于新疆、西藏。

腺花旗杆

Dontostemon glandulosus

十字花科 花旗杆属

两年生草本，高15~50厘米，植株散生白色弯曲柔毛；茎单一或分枝，基部常带紫色。叶椭圆状披针形，两面稍具毛。总状花序生枝顶；萼片椭圆形，具白色膜质边缘，背面稍被毛；花瓣淡紫色，倒卵形，顶端钝，基部具爪。长角果长圆柱形，光滑无毛。花期5—7月，果期7—8月。多生长于海拔870~1900米的石砾质山地、岩石隙间、山坡、林边及路旁。在我国分布于黑龙江、吉林、辽宁、河北、山西、山东、河南、安徽、江苏、陕西、西藏。

短梗烟堇 （西藏新记录）

Fumaria vaillantii

罂粟科 烟堇属

　　一年生草本，高10~40厘米，无毛。茎自基部分枝，具纵棱。基生叶数枚，叶片多回羽状分裂；茎生叶多数，叶片同基生叶，叶柄较短。总状花序顶生和对叶生，多花，密集排列；花序梗短粗或近无。花瓣粉红色或淡紫红色，花瓣片膜质，先端暗紫色，背部具鸡冠状突起。花果期5—8月。生长于海拔620~2200米的耕地、田埂、果园、路旁、石坡或沟边草地，为常见杂草。在我国分布于西藏、新疆。

宽花紫堇
Corydalis latiflora

罂粟科 紫堇属

　　多年生小草本，近丛生，被乳突状小柔毛。根茎长，黑棕色，具枯萎的叶残基。叶柄基部具鞘。茎生叶与基生叶同形。花序近伞形，具4~7朵花。苞片扇形，通常五裂，长于较短的花梗。花灰蓝色或淡紫色，近直立，具浓烈香味。上花瓣顶端急尖或近具短尖，龙骨状突起部位绿色，鸡冠状突起高而全缘，向后变狭，伸达距末端。蒴果倒卵形，自直立果梗上俯垂，爆裂。种子近圆，平滑。花期7—9月。自花受精。生长于海拔4300~5000（5500）米的高山流石滩。在我国分布于西藏南部（聂拉木、亚东）。

折曲黄堇
Corydalis stracheyi

罂粟科 紫堇属

　　灰绿色丛生草本，高20~60厘米，具主根。茎萎软，下部裸露，上部二歧状折曲分枝，具叶。基生叶约与茎等长；叶片二至三回羽状全裂，末回裂片狭长圆形至线形。茎生叶与基生叶同形，但叶柄较短。总状花序，多花。萼片小，鳞片状，具齿。花黄色，龙骨状突起部位和距带紫色，较宽展。蒴果椭圆形，自弯曲的果梗上下垂，具柔毛状纵棱和2列种子。生长于海拔3600~4800米的多石山坡或近溪边。在我国分布于西藏南部（亚东春丕、察隅）。

皱波黄堇
Corydalis crispa

罂粟科 紫堇属

多年生草本，高20~50厘米。茎直立，自基部具多数开展的分枝，上部分枝较少。基生叶数枚，通常早枯，具长柄，叶片轮廓卵形，三回三出分裂，第一回裂片顶生者具较长柄。总状花序生长于茎和分枝顶端，多花密集；花瓣黄色，上花瓣舟状卵形，背部鸡冠状突起高1~1.5毫米，下花瓣舟状卵形，内花瓣提琴形。蒴果圆柱形，果棱常粗糙，有1~3枚种子。种子近圆形，黑色，具光泽。花果期6—10月。生长于海拔3500~4500米的山坡草地、高山灌丛、高山草地或路边石缝中。广布于西藏除阿里和羌塘外的广大地区。

无冠紫堇
Corydalis ecristata

罂粟科 紫堇属

　　矮小草本，高5~10厘米。根茎短，具鳞茎；鳞片数枚，宽卵形。茎柔弱，不分枝，裸露，近基部变细。基生叶少数，叶柄纤细，基部变细，叶片二回三出分裂；茎生叶1枚，生长于茎上部，无叶柄，叶片羽状深裂。总状花序顶生，有2~5朵花，近伞房状排列；花瓣蓝色，上花瓣舟状卵形，鸡冠状突起极矮或无，距圆筒形，下花瓣近圆形，内花瓣提琴形。蒴果披针形，约具10枚种子，成熟时自果梗先端反折。花果期6—9月。生长于海拔3300~4700米的山顶石缝或山坡岩石上。在我国分布于西藏南部（错那、亚东、吉隆）。

丽江紫金龙
Dactylicapnos lichiangensis

罂粟科 紫金龙属

　　草质藤本。茎长2~4米，绿色，具分枝。叶片二回三出羽状复叶，轮廓卵形，具叶柄；小叶卵形至披针形，先端急尖或钝，具小尖头，基部宽楔形，通常不对称，表面绿色，背面具白粉，全缘。总状花序伞房状，具2~6朵下垂花；花瓣淡黄色，先端向两侧微叉开，叉开部分长约2毫米。蒴果线状长圆形。种子近圆形，黑色，无光泽。花期6—10月，果期7月一翌年1月。生长于海拔1700~3000米的林缘、灌丛中和山坡草地。在我国分布于云南西北部至中部、四川西南部（木里）和西藏东南部。

莴叶秃疮花
Dicranostigma lactucoides

罂粟科 秃疮花属

　　草本，高15~60厘米，被短柔毛。茎3~4枝，直立，疏被短柔毛。基生叶丛生，叶片大头羽状浅裂或深裂，裂齿呈粗齿状浅裂或基部裂片不分裂，齿端具短尖头，表面灰绿色，背面具白粉，两面疏被短柔毛。聚伞花序生长于茎和分枝先端；具苞片。花芽卵形；萼片宽卵形，淡黄色，被短柔毛，边缘膜质；花瓣宽倒卵形，橙黄色。蒴果圆柱形，两端渐尖，被短柔毛。种子小，卵形，具网纹。花果期6—8月。生长于海拔3700~4300米的石坡或岩屑坡。在我国分布于四川西北部和西藏南部。

红萼银莲花
Anemone smithiana

毛茛科 银莲花属

　　植株高20~45厘米。基生叶4~6片，有长柄；叶片肾形或圆五角形，基部心形，三深裂至距基部4~12毫米处；叶柄长7~22厘米，有开展的长柔毛。苞片4片，近等大，宽菱形或扇状菱形；萼片5片，紫红色或粉红色，宽椭圆形或宽卵形，顶端圆形，外面有疏柔毛；雄蕊长3~6毫米，花药绿色，椭圆形。6月开花。生长在海拔3800~4300米的山地灌丛中或沟边。在我国仅分布于西藏（吉隆、聂拉木）。

疏齿银莲花
Anemone obtusiloba subsp. *ovalifolia*

毛茛科 银莲花属

　　植株高10~30厘米。基生叶7~15片，有长柄，多少密被短柔毛；叶片肾状五角形或宽卵形。花葶2~5条，有开展的柔毛；苞片3片，无柄，稍不等大，宽菱形或楔形，常三深裂，长1~2厘米，多少密被柔毛；萼片5~8片，白色、蓝色或黄色，倒卵形或狭倒卵形，外面有疏毛。5—7月开花。生长于海拔2900~4000米的高山草地或铁杉林下。在我国分布于西藏南部和东部、四川西部。

星叶草
Circaeaster agrestis

毛茛科 星叶草属

　　一年生小草本，高3~10厘米。叶菱状倒卵形、匙形或楔形，基部渐狭，边缘上部有小牙齿，齿顶端有刺状短尖，无毛，背面粉绿色。花小，萼片2~3片，狭卵形，无毛；雄蕊长0.6~1毫米，无毛，花药椭圆球形，长约0.1毫米，花丝线形；子房长圆形，花柱不存在，柱头近椭圆球形。花期4—6月。生长于2100~4000米的山谷沟边、林中或湿草地。在我国分布于西藏、云南、四川、陕西、甘肃、青海、新疆。

水毛茛

Batrachium bungei

毛茛科 水毛茛属

多年生沉水草本。茎长30厘米以上，无毛或在节上有疏毛。叶有短或长柄；叶片轮廓近半圆形或扇状半圆形，小裂片近丝形，在水外通常收拢或近叉开，无毛或近无毛；花瓣白色，基部黄色，倒卵形；雄蕊10余枚，花托有毛。花期5—8月。生长于山谷溪流、河滩积水地、平原湖中或水塘中，海拔自平原至3000多米的高山。分布于青海、西藏、四川、云南、辽宁、河北、山西、江西、江苏、甘肃。

长柱驴蹄草
Caltha palustris var. himalaica

毛茛科 驴蹄草属

　　多年生草本，全部无毛，有多数肉质须根。基生叶3~7枚，有长柄；叶片圆形，肾形或心形。茎生叶通常向上逐渐变小，稀与基生叶近等大，具较短的叶柄或最上部叶完全不具柄。茎或分枝顶部有由2朵花组成的简单的单歧聚伞花序；苞片三角状心形，边缘生牙齿；萼片5片，黄色，倒卵形或狭倒卵形，顶端圆形。5—9月开花，6月开始结果。在我国分布于西藏东部、云南西北部、四川、浙江西部、甘肃南部、陕西、河南西部、山西、河北、内蒙古、新疆。

三裂碱毛茛
Halerpestes tricuspis

毛茛科 碱毛茛属

　　多年生小草本。匍匐茎纤细，横走，节处生根和簇生数叶。叶均基生；叶片质地较厚，形状多变异，菱状楔形至宽卵形，全缘，脉不明显，无毛或有柔毛。花葶高2~4厘米或更高，无毛或有柔毛，无叶或有1苞片；花单生，直径7~10毫米；花瓣5枚，黄色或表面白色，狭椭圆形，顶端稍尖，有3~5脉，爪长约0.8毫米，蜜槽点状或上部分离成极小鳞片。花果期5—8月。生长于海拔3000~5000米的盐碱性湿草地。在我国分布于西藏、四川西北部、陕西、甘肃、青海、新疆。

绣球藤
Clematis montana

毛茛科 铁线莲属

　　木质藤本。茎圆柱形，有纵条纹；小枝有短柔毛，后变无毛；老时外皮剥落。三出复叶，数叶与花簇生，或对生；小叶片卵形、宽卵形至椭圆形，边缘缺刻状锯齿由多而锐至粗而钝，顶端3裂或不明显，两面疏生短柔毛，有时下面较密。花1~6朵与叶簇生；萼片4片，开展，白色或外面带淡红色，长圆状倒卵形至倒卵形，外面疏生短柔毛，内面无毛。花期4—6月，果期7—9月。生长于山坡、山谷灌丛中、林边或沟旁。在我国分布于西藏南部（海拔2200~3900米）、云南（2800~4000米）、贵州、四川（2550~3250米）、甘肃南部、宁夏南部、陕西南部、河南西部、湖北西部、湖南、广西北部、江西（1600~1800米）、福建北部、台湾、安徽南部（1200~1600米）。

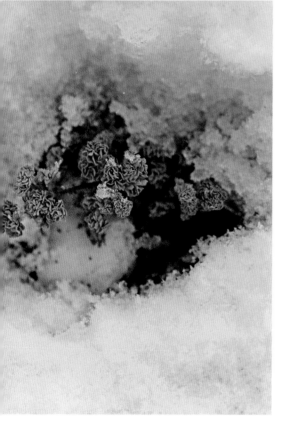

石砾唐松草
Thalictrum squamiferum

毛茛科 唐松草属

　　植株全部无毛，有白粉，有时有少数小腺毛。茎渐升或直立，下部常埋在石砾中，在节处有鳞片，自露出地面处分枝。茎中部叶长3~9厘米，有短柄，为三至四回羽状复叶，上部叶渐变小。花单生于叶腋；萼片4片，淡黄绿色，常带紫色，椭圆状卵形，脱落。7月开花。生长于海拔3600~5000米的山地多石砾山坡、河岸石砾沙地或林边。在我国分布于云南西北部（丽江以北）、四川西部、西藏东南部至西南部，青海南部。

帚枝唐松草

Thalictrum virgatum

毛茛科 唐松草属

植株全部无毛。茎高16~65厘米，分枝或不分枝。叶均茎生，7~10个，为三出复叶，有短柄或无柄；小叶纸质或薄革质，顶生小叶具细柄，菱状宽三角形或宽菱形，顶端圆形，基部宽楔形、圆形或浅心形，三浅裂，边缘有少数圆齿，两面脉隆起，脉网明显，侧生小叶较小，有短柄。简单或复杂的单歧聚伞花序生茎或分枝顶端；萼片4~5片，白色或带粉红色，卵形，脱落。6—8月开花。生长于海拔2300~3500米的山地林下或林边岩石上。在我国分布于云南北部和西部、四川西部、西藏南部。

草玉梅

Anemone rivularis

毛茛科 银莲花属

植株高15~65厘米。根状茎木质，垂直或稍斜。基生叶3~5片，有长柄；叶片肾状五角形，三全裂，中全裂片宽菱形或菱状卵形，有时宽卵形，三深裂，两面都有糙伏毛。聚伞花序；苞片有柄，近等大，似基生叶，宽菱形。瘦果狭卵球形，稍扁，长7~8毫米，宿存花柱钩状弯曲。5—8月开花。生长于山地草坡、小溪边或湖边。在我国分布于西藏南部及东部、云南、四川、甘肃西南部、青海东南部、广西西部、贵州、湖北西南部。

美花草
Callianthemum pimpinelloides

毛茛科 美花草属

植株全体无毛。根状茎短。茎2~3条,直立或渐升,不分枝或有1~2分枝,无叶或有1~2叶。基生叶与茎近等长,为一回羽状复叶;叶片卵形或狭卵形,在开花时未完全发育,边缘有少数钝齿,顶生羽片扇状菱形。花直径1.1~1.4厘米;花瓣5~7枚,白色、粉红色或淡紫色,倒卵状长圆形或宽线形。聚合果直径约6毫米;瘦果卵球形。花期4—6月。在我国分布于西藏南部和东部(海拔3800~5600米)、云南西北部(3500米)、四川西部(4500米)、青海东部(3200~4400米)。

西藏铁线莲
Clematis tenuifolia

毛茛科 铁线莲属

藤本。茎有纵棱,老枝无毛,幼枝被疏柔毛。一至二回羽状复叶,小叶有柄,宽卵状披针形。花大,单生,少数为聚伞花序有3花;萼片4片,黄色、橙黄色、黄褐色、红褐色、紫褐色,宽长卵形或长圆形,内面密生柔毛,外面几无毛或被疏柔毛,边缘有密绒毛。瘦果狭长倒卵形,宿存花柱被长柔毛。花期5—7月,果期7—10月。生长于海拔2210~4800米的小坡、山谷草地或灌丛中,或河滩、水沟边。在我国分布于西藏南部和东部、四川西南部。

水葫芦苗
Halerpestes sarmentosa

毛茛科 碱毛茛属

　　多年生草本。匍匐茎细长，横走。叶多数；叶片纸质，多近圆形，或肾形、宽卵形，宽稍大于长，基部圆心形、截形或宽楔形。花葶1~4条，高5~15厘米，无毛；苞片线形；花小；萼片绿色，卵形，无毛，反折；花瓣5枚，狭椭圆形，与萼片近等长，顶端圆形，基部有爪，爪上端有点状蜜槽。聚合果椭圆球形；瘦果小而极多，斜倒卵形。花果期5—9月。生长于盐碱性沼泽地或湖边。在我国分布于西藏、四川西北部、陕西、甘肃、青海、新疆、内蒙古、山西、河北、山东、辽宁、吉林、黑龙江。

高山唐松草
Thalictrum alpinum

毛茛科 唐松草属

　　多年生小草本，全部无毛。叶4~5枚或更多，均基生，为二回羽状三出复叶；小叶薄革质，有短柄或无柄，圆菱形、菱状宽倒卵形或倒卵形，三浅裂，浅裂片全缘，脉不明显。花葶1~2条，不分枝；总状花序长2.2~9厘米；苞片小，狭卵形；花梗向下弯曲；萼片4片，脱落，椭圆形。瘦果无柄或有不明显的柄，狭椭圆形，稍扁，有8条粗纵肋。6—8月开花。生长于海拔4360~5300米的高山草地、山谷阴湿处或沼泽地。在我国分布于西藏、新疆。

丽山莨菪

Anisodus luridus var. *fischerianus*

茄科 山莨菪属

　　多年生草本，高50~120厘米，全株密被绒毛和星状毛。叶片纸质或近坚纸质，卵形至椭圆形，顶端急尖或渐尖，叶面通常无毛，背面密被星状毛及微柔毛。花俯垂，花梗密被星状微柔毛；花萼钟状，坚纸质，脉显著隆起成扇折状，弯曲，外面密被柔毛；花冠钟状，浅黄绿色或有时裂片带淡紫色，外面被柔毛；花盘黄白色。花期5—7月，果期10—11月。生长于海拔3200~4200米的草坡、山地溪旁。在我国分布于云南及西藏。

舌岩白菜

Bergenia pacumbis

虎耳草科 岩白菜属

　　多年生草本，高约17厘米。根状茎粗壮，被鳞片和残存托叶鞘。叶均基生；叶片革质，圆形、阔卵形至阔倒卵形，先端钝圆，近全缘或边缘具不明显圆齿，刚硬具缘毛。聚伞花序圆锥状，长约7.5厘米；萼片在花期开展，革质，阔卵形；花瓣白色或粉红色，近圆形，先端钝圆，基部变狭成长约2毫米之爪，多脉。花期6—8月。生长于海拔2300~2380米的林下、石隙。在我国分布于云南和西藏南部。

微绒绣球
Hydrangea heteromalla

虎耳草科 绣球属

灌木至小乔木，高3~5米或更高；小枝红褐色或淡褐色，初时被柔毛，后渐变近无毛，具少数椭圆形浅色皮孔。叶纸质，椭圆形、阔卵形至长卵形，先端渐尖或急尖，基部钝、截平或微心形，边缘有密集小锯齿，上面被小糙伏毛或近无毛。伞房状聚伞花序具总花梗，顶端弯拱，分枝3个；苞片和小苞片披针形；花瓣淡黄色，长卵形。花期6—7月，果期9—10月。生于山坡杂木林中、山腰或近山顶灌丛中，海拔2400~3400米。分布于我国西藏南部和东南部、云南西北部和东北部、四川西南部和西部。

溪畔落新妇
Astilbe rivularis

虎耳草科 落新妇属

多年生草本，高0.6~2.5米。茎被褐色长腺柔毛。二至三回羽状复叶；叶轴与小叶柄均被褐色长柔毛；小叶片，顶生者菱状椭圆形至倒卵形，侧生者卵形。基部偏斜状心形、圆形至楔形，边缘有重锯齿，腹面疏生褐色腺糙伏毛，背面沿脉具褐色长柔毛和腺毛。圆锥花序多花；花梗长0.6~1.8毫米，与花序轴均被褐色卷曲腺柔毛；无花瓣。花果期7—11月。生长于海拔920~3200米的林下、林缘、灌丛和草丛中。在我国分布于陕西、河南西部、四川、云南和西藏。

裸茎金腰
Chrysosplenium nudicaule

虎耳草科 金腰属

多年生草本，高4.5~10厘米。茎疏生褐色柔毛或乳头突起，通常无叶。基生叶具长柄，叶片革质，肾形。聚伞花序密集呈半球形；苞叶革质，阔卵形至扇形，腹面具极少褐色柔毛，背面无毛，齿间弯缺处具褐色柔毛。蒴果先端凹缺，2果瓣近等大；种子黑褐色，卵球形，光滑无毛，有光泽。花果期6—8月。生长于海拔2500~4800米的石隙。在我国分布于甘肃、青海、新疆、云南西北部和西藏东部。

短柱梅花草
Parnassia brevistyla

虎耳草科 梅花草属

多年生草本，高11~23厘米。根状茎圆柱形、块状等形状，其上有褐色膜质鳞片，其下长出多数较发达纤维状根。基生叶2~4片，具长柄；叶片卵状心形或卵形，全缘，上面深绿色，下面淡绿色。花单生长于茎顶；花瓣白色，宽倒卵形或长圆倒卵形。蒴果倒卵球形，各角略加厚；种子多数，长圆形，褐色，有光泽。花期7—8月，果期9月开始。生长于海拔2800~4390米的山坡阴湿的林下和林缘、云杉林间空地、山顶草坡下或河滩草地。在我国分布于四川西部和北部、西藏东北部、云南西北部和甘肃、陕西南部。

鸡肫梅花草
Parnassia wightiana

虎耳草科 梅花草属

多年生草本，高18~24厘米。根状茎粗大，块状，其上有残存褐色鳞片，下部和周围长出多数密集而细长的根。基生叶2~4片，具长柄；叶片宽心形，全缘，向外翻卷，上面深绿色，下面淡绿色。花单生长于茎顶；花瓣白色，长圆形、倒卵形或似提琴形，边缘上半部波状或齿状，稀深缺刻状。蒴果倒卵球形，褐色，具有多数种子；种子长圆形，褐色，有光泽。花期7—8月，果期9月开始。生长于海拔600~2000米的山谷疏林下、山坡杂草中、沟边和路边等处。在我国分布于四川、云南、西藏、陕西、湖北、湖南、广东、广西、贵州。

多叶虎耳草
Saxifraga pallida

虎耳草科 虎耳草属

多年生草本，高3.5~33厘米。茎被柔毛。叶均基生，具柄；叶片狭卵形、卵形至阔卵形，稀倒卵形，边缘具11~25圆齿或钝齿，并具睫毛。聚伞花序圆锥状；花瓣白色，卵形，先端急尖、钝或微凹，基部具长0.6~0.9毫米之爪，3~7脉，基部侧脉旁具2黄色斑点。成熟之蒴果长6~8毫米，2果瓣叉开。花果期7—10月。生长于海拔3000~5000米的针叶林下、高山灌丛、高山草甸和高山碎石隙。在我国分布于甘肃南部、四川西部、云南西北部和西藏东南部。

藏南风铃草
Campanula nakaoi

桔梗科 风铃草属

根状茎细长。茎上升或直立，长可达35厘米，干时有棱，通常深紫色，少数近于麦秆色。叶以中部的最大，倒卵状椭圆形或椭圆形，顶端钝，下部的叶基部渐窄成短柄，上部叶无柄，边缘疏生细齿，叶脉凹陷。花单朵顶生于主茎及分枝上，下垂；花萼筒部倒锥状，密生伸展的长硬毛或粒状腺毛，裂片钻形，两面无毛，仅边缘有齿和短硬毛；花冠蓝色或蓝紫色，宽钟状。花期7月。生长于海拔2800~3400米的乔松林下和乔松林缘。在我国仅分布于西藏吉隆。

西南风铃草
Campanula colorata

桔梗科 风铃草属

多年生草本，根胡萝卜状，有时仅比茎稍粗。茎单生，少2枝，更少为数枝丛生长于一条茎基上，上升或直立，被开展的硬毛。茎下部的叶有带翅的柄，上部的无柄，椭圆形，菱状椭圆形或矩圆形。花下垂，顶生长于主茎及分枝上，有时组成聚伞花序；花冠紫色或蓝紫色或蓝色，管状钟形。蒴果倒圆锥状。种子矩圆状，稍扁。花期5—9月。生长于海拔1000~4000米的山坡草地和疏林下。在我国分布于西藏南部、四川西部、云南、贵州西部。

有梗蓝钟花

Cyananthus pedunculatus

桔梗科 蓝钟花属

多年生草本。茎细，被短糙毛。叶互生，自茎下部而上渐次增大，几无柄，叶片卵状椭圆形至卵状披针形，全缘或先端边缘呈波状，基部近圆形，两面被短糙毛。花单生茎顶；花萼筒状，底部平截，密被棕黑色刚毛；花冠紫蓝色，漏斗状钟形，喉部无毛或少有柔毛。花期8—9月。生长于海拔3600~4900米的高山山坡灌丛中。在我国分布于西藏（亚东）。

直立山梗菜
Lobelia erectiuscula

桔梗科 半边莲属

多年生草本，高60~80厘米。茎直立，不分枝，上部有隆起的条纹，生倒短糙毛，但有的逐渐脱落。叶螺旋状排列，下部的叶片长椭圆形或椭圆状披针形，边缘波状或有不规则的重锯齿。花单生苞片腋间，排成总状花序；花冠紫蓝色，近二唇形，背面裂至花冠基部，上唇裂片沿中肋对褶，条形。蒴果球状。种子淡褐色，椭圆状，稍扁。花果期8—9月。生长于海拔3000~4000米的林缘灌丛或林窗中。在我国分布于西藏。

西南吊兰
Chlorophytum nepalense

百合科 吊兰属

根状茎短，不明显。叶形变化较大，长条形、条状披针形至近披针形，基部有时收狭成柄状。花葶单个，通常比叶长；花白色，单生或2~3朵簇生，通常排成疏离的总状花序，较少具侧枝而成圆锥花序；花被片长10~13毫米；雄蕊稍短于花被片；花药通常长约为花丝的2倍，较少近等长。花果期7—9月。生长于海拔1300~2750米的林缘、草坡或山谷岩石上。在我国分布于西藏南部、云南西部至西北部、贵州西部和四川西南部。

小百合
Lilium nanum

百合科　百合属

　　鳞茎矩圆形，高2~3.5厘米，直径1.5~2.3厘米；鳞片披针形，鳞茎上方的茎上无根。茎高10~30厘米，无毛。叶散生，条形，6~11枚，近基部的2~3枚较短而宽。花单生，钟形，下垂；花被片淡紫色或紫红色，内有深紫色斑点；外轮花被片椭圆形；内轮花被片较外轮稍宽，蜜腺两边有流苏状突起。花期6月，果期9月。生长于海拔3500~4500米的山坡草地、灌木林下或林缘。在我国分布于西藏南部和东南部、云南西北部和四川西部。

西藏洼瓣花

Lloydia tibetica

百合科 洼瓣花属

　　植株高10~30厘米。鳞茎顶端延长、开裂。基生叶3~10枚，边缘通常无毛；茎生叶2~3枚，向上逐渐过渡为苞片，通常无毛，极少在茎生叶和苞片的基部边缘有少量疏毛；花1~5朵；花被片黄色，有淡紫绿色脉；内花被片的内面下部或近基部两侧各有1~4个鸡冠状褶片，外花被片宽度约为内花被片的2/3；内外花被片内面下部通常有长柔毛，较少无毛。花期5—7月。生长于海拔2300~4100米的山坡或草地上。在我国分布于西藏、四川、湖北、陕西、甘肃和山西。

紫斑洼瓣花

Lloydia ixiolirioides

百合科 洼瓣花属

植株高15~30厘米。鳞茎狭卵形，上端延长、开裂。基生叶通常4~8枚，边缘常疏生柔毛；茎生叶2~3枚，狭条形，向上逐渐过渡为苞片，在茎生叶与苞片的边缘，特别近基部处，通常有白色柔毛。花单朵或2朵；内外花被片相似，白色，中部至基部有紫红色斑，内面近基部有几行长柔毛。花期6—7月，果期8月。生长于海拔3000~4300米的山坡或草地。在我国分布于四川西南部（康定、雷波）、云南西北部（德钦、维西、丽江）和西藏（波密、吉隆、定结、聂拉木）。

小洼瓣花

Lloydia serotina var. parva

百合科 洼瓣花属

植株高10~20厘米。鳞茎狭卵形，上端延伸，上部开裂。基生叶通常2枚，很少仅1枚，短于或有时高于花序。花1~2朵；内外花被片近相似，白色而有紫斑，先端钝圆，内面近基部常有一凹穴，较少例外。蒴果近倒卵形，略有三钝棱，顶端有宿存花柱。种子近三角形，扁平。花期6—8月，果期8—10月。生长于海拔2400~4000米的山坡、灌丛中或草地上。在我国广布于西南、西北、华北、东北各省区。

大叶假百合
Notholirion macrophyllum

百合科 假百合属

　　茎高20~35厘米，无毛。基生叶带形，茎生叶5~10枚，条形。总状花序具花2~6朵；苞片叶状，窄条形，长1.2~2.5厘米，先端弯曲；花喇叭形，淡紫红色或紫色，花被片倒披针状矩圆形；花丝丝状，无毛。花期8月。生长于海拔2800~3400米的草坡和林间草甸。在我国分布于四川、西藏、云南东北部和西北部。

钟花假百合
Notholirion campanulatum

百合科 假百合属

　　小鳞茎多数，卵形，淡褐色。茎高60~100厘米，近无毛。基生叶多数，带形，膜质，茎生叶条状披针形，膜质。总状花序，具花10~16朵；苞片叶状，条状披针形，绿色；花钟形，红色、暗红色、粉红色至红紫色，下垂；花被片倒卵状披针形，先端绿色。蒴果矩圆形，淡褐色。花期6—8月，果期9月。生长于海拔2800~3900米的草坡或杂木林缘。在我国分布于云南西北部、四川和西藏。

卷叶黄精
Polygonatum cirrhifolium

百合科 黄精属

　　根状茎肥厚，圆柱状，或根状茎连珠状。叶通常每3~6枚轮生，很少下部有少数散生的，细条形至条状披针形，少有矩圆状披针形，先端拳卷或弯曲成钩状，边常外卷。花序轮生，通常具2花，俯垂；苞片透明膜质，无脉，位于花梗上或基部；花被淡紫色，花被筒中部稍缢狭。花期5—7月，果期9—10月。生长于海拔2000~4000米的林下、山坡或草地。在我国分布于西藏东部和南部、云南西北部、四川、甘肃东南部、青海东部与南部、宁夏、陕西南部。

轮叶黄精
Polygonatum verticillatum

百合科 黄精属

　　根状茎一头粗，一头较细，粗的一头有短分枝，少有根状茎为连珠状。叶通常为3叶轮生，或间有少数对生或互生的，少有全株为对生的，矩圆状披针形至条状披针形或条形，先端尖至渐尖。花单朵或2~4朵成花序，俯垂；苞片一般不存在，或微小而生于花梗上；花被淡黄色或淡紫色。花期5—6月，果期8—10月。生长于海拔2100~4000米的林下或山坡草地。在我国分布于西藏东部和南部、云南西北部、四川西部、青海东北部、甘肃东南部、陕西南部、山西西部。

万寿竹

Disporum cantoniense

百合科 万寿竹属

　　根状茎横出，质地硬，呈结节状。茎高50~150厘米，直径约1厘米，上部有较多的叉状分枝。叶纸质，披针形至狭椭圆状披针形，先端渐尖至长渐尖，基部近圆形，有明显的3~7脉。伞形花序有花3~10朵，着生在与上部叶对生的短枝顶端；花紫色；花被片斜出，倒披针形，先端尖，边缘有乳头状突起。花期5—7月，果期8—10月。生长于海拔700~3000米的灌丛中或林下。在我国分布于台湾、福建、安徽、湖北、湖南、广东、广西、贵州、云南、四川、陕西和西藏。

夏须草
Theropogon pallidus

百合科 夏须草属

　　根状茎直径约10毫米。叶带状，先端渐尖，基部鞘状，直立或下弯，上面绿色，下面粉绿色，中脉明显。总状花序有花9~14朵；每花有苞片和小苞片各一枚，苞片条形、绿色；花梗长，常弯曲，顶端有一关节，晚期花（果）从关节处脱落。花期5~6月。生长于海拔2300~2550米的丛林下或多岩石的斜坡上。在我国分布于西藏南部和云南西部至西北部（凤庆、大理一带）。

川贝母
Fritillaria cirrhosa

百合科 贝母属

　　植株长15~50厘米。鳞茎由2枚鳞片组成。叶通常对生，少数在中部兼有散生或3~4枚轮生的，条形至条状披针形，先端稍卷曲或不卷曲。花通常单朵，极少2~3朵，紫色至黄绿色，通常有小方格，少数仅具斑点或条纹；每花有3枚叶状苞片。蒴果长宽各约1.6厘米，棱上只有宽1~1.5毫米的狭翅。花期5~7月，果期8~10月。在我国主要分布于西藏、云南和四川，海拔3200~4200米，也见于甘肃、青海、宁夏、陕西和山西，海拔1800~3200米。

少花粉条儿菜
Aletris pauciflora

百合科 粉条儿菜属

　　植株较粗壮，具肉质的纤维根。叶簇生，披针形或条形，有时下弯，先端渐尖，无毛。花葶密生柔毛，中下部有几枚苞片状叶；总状花序具较稀疏的花；苞片2枚，条形或条状披针形，位于花梗的上端，其中一枚超过花1~2倍，绿色；花被近钟形，暗红色、浅黄色或白色。蒴果圆锥形，长4~5毫米，无毛。花果期6—9月。生长于海拔3500~4000米的高山草坡。在我国分布于四川、云南和西藏。

间型沿阶草
Ophiopogon intermedius

百合科 沿阶草属

　　植株常丛生，有粗短、块状的根状茎。叶基生成丛，禾叶状，具5~9条脉，背面中脉明显隆起，边缘具细齿，基部常包以褐色膜质的鞘及其枯萎后撕裂成的纤维。花葶长20~50厘米，通常短于叶，有时等长于叶；总状花序具15~20朵花；花常单生或2~3朵簇生于苞片腋内。种子椭圆形。花期5—8月，果期8—10月。生长于海拔1000~3000米的山谷、林下阴湿处或水沟边。在我国分布于西藏、云南、四川、贵州、陕西、河南、湖北、湖南、安徽、广西、广东和台湾。

腋花扭柄花
Streptopus simplex

百合科 扭柄花属

　　植株高20~50厘米；根状茎粗1.5~2毫米。茎不分枝或中部以上分枝，光滑。叶披针形或卵状披针形，先端渐尖，上部的叶有时呈镰刀形，叶背灰白色，基部圆形或心形。花大，单生长于叶腋，下垂；花梗不具膝状关节；花被片卵状矩圆形，粉红色或白色，具紫色斑点；雄蕊长3~3.5毫米。浆果直径5~6毫米。花期6月，果期8—9月。生长于海拔2700~4000米的林下、竹丛中或高山草地。在我国分布于云南西北部和西藏。

叉柱岩菖蒲
Tofieldia divergens

百合科 岩菖蒲属

　　植株大小变化较大，一般较高大。叶长3~22厘米，宽2~4毫米。花葶高8~35厘米；总状花序长2~10厘米；花梗长1.5~3毫米；花白色，有时稍下垂。蒴果常多少下垂或平展，倒卵状三棱形或近椭圆形，上端3深裂约达中部或中部以下，使蒴果多少呈菁荚果状。花期6—8月，果期7—9月。生长于海拔1000~4300米的草坡、溪边或林下的岩缝中或岩石上。在我国分布于西南部邛崃山、大凉山、乌蒙山以西地区，即四川西南部、贵州西部和云南。

雅致杓兰

Cypripedium elegans

兰科 杓兰属

　　植株高10~15厘米，具细长而横走的根状茎。茎直立，密被长柔毛，基部具2枚筒状鞘，顶端具2枚叶。叶对生或近对生，平展；叶片卵形或宽卵形，草质，先端钝，通常两面疏生短柔毛。花序顶生，近直立，具1花；花小，萼片与花瓣淡黄绿色，内表面有栗色或紫红色条纹，唇瓣淡黄绿色至近白色，略有紫红色条纹。花期5—7月。生长于海拔3600~3700米的林下、林缘或灌丛中腐殖质丰富之地。在我国分布于云南西北部（丽江、中甸）和西藏南部（亚东、吉隆）。

高山杓兰

Cypripedium himalaicum

兰科 杓兰属

　　植株高25~28厘米，具较细长的根状茎。茎直立，疏被短柔毛，基部具数枚鞘，鞘上方具3枚叶。叶片长圆状椭圆形至宽椭圆形，上面疏被短柔毛或近无毛，背面无毛或脉上稍被毛，边缘具缘毛。花序顶生，具1花；花序柄多少被短柔毛，尤其在上部；花芳香，底色为淡绿黄色，有密集的紫褐色或红褐色纵条纹。花期6—7月。生长于海拔3600~4000米的林间草地、林缘或开旷多石山坡上。在我国分布于西藏南部至东南部。

西藏杓兰
Cypripedium tibeticum

兰科 杓兰属

　　植株高15~35厘米，具粗壮、较短的根状茎。茎直立，无毛或上部近节处被短柔毛。叶片椭圆形、卵状椭圆形或宽椭圆形，无毛或疏被微柔毛，边缘具细缘毛。花序顶生，具1花；花苞片叶状，椭圆形至卵状披针形；花大，俯垂，紫色、紫红色或暗栗色，通常有淡绿黄色的斑纹，花瓣上的纹理尤其清晰，唇瓣的囊口周围有白色或浅色的圈。花期5—8月。生长于海拔2300~4200米的透光林下、林缘、灌木坡地、草坡或乱石地上。在我国分布于甘肃南部、四川西部、贵州西部、云南西部和西藏东部至南部。不丹、印度也有分布。

火烧兰
Epipactis helleborine

兰科 火烧兰属

　　地生草本，高20~70厘米；根状茎粗短。叶4~7枚，互生；叶片卵圆形、卵形至椭圆状披针形，罕有披针形，先端通常渐尖至长渐尖；向上叶逐渐变窄而成披针形或线状披针形。总状花序通常具3~40朵花；花苞片叶状，线状披针形，下部的长于花2~3倍或更多，向上逐渐变短。花期7月，果期9月。生长于海拔250~3600米的山坡林下、草丛或沟边。在我国分布于辽宁、河北、山西、陕西、甘肃、青海、新疆、安徽、湖北、四川、贵州、云南和西藏。

二叶盔花兰

Galearis spathulata

兰科 红门兰属

　　植株高8~15厘米。无块茎，具伸长、细、平展的根状茎。茎直立，圆柱形，基部具1~2枚筒状、稍膜质的鞘，鞘之上具叶。叶通常2枚，近对生，少1枚，极罕为3枚，叶片狭匙状倒披针形、狭椭圆形、椭圆形或匙形。花茎直立，花序具1~5朵花，较疏生，多偏向一侧，花序轴无毛；花紫红色。花期6—8月。生长于海南2300~4300米的山坡灌丛下或高山草地上。在我国分布于陕西（宝鸡玉皇山）、甘肃东南部、青海东北部、四川西部、云南西北部和西藏东部至南部。

广布小红门兰
Ponerorchis chusua

兰科 红门兰属

　　植株高5~45厘米。茎直立，圆柱状，纤细或粗壮，基部具1~3枚筒状鞘，鞘之上具1~5枚叶，多为2~3枚，叶之上不具或具1~3枚小的、披针形苞片状叶。叶片长圆状披针形、披针形或线状披针形至线形，上面无紫色斑点，先端急尖或渐尖，基部收狭成抱茎的鞘。花序具1~20余朵花，多偏向一侧；花苞片披针形或卵状披针形，先端渐尖或长渐尖，基部稍收狭；花紫红色或粉红色；具3脉，与花瓣靠合呈兜状。花期6—8月。生长于海拔500~4500米的山坡林下、灌丛下、高山灌丛草地或高山草甸中。在我国分布于黑龙江、吉林、内蒙古、陕西南部、宁夏、甘肃东部、青海东部和东南部、湖北西部、四川、云南西北部至东北部、西藏东南部至南部。

头蕊兰
Cephalanthera longifolia

兰科 头蕊兰属

　　地生草本。茎直立，下部具3~5枚排列疏松的鞘。叶4~7枚；叶片披针形、宽披针形或长圆状披针形。总状花序具2~13朵花；花苞片线状披针形至狭三角形，最下面1~2枚叶状，长可达5~13厘米；花白色，稍开放或不开放；花瓣近倒卵形，先端急尖或具短尖。蒴果椭圆形。花期5—6月，果期9—10月。生长于海拔1000~3300米的林下、灌丛中、沟边或草丛中。在我国分布于山西南部、陕西南部、甘肃南部、河南西部、湖北西部、四川西部、云南西北部和西藏南部至东南部。

西南手参
Gymnadenia orchidis

兰科 手参属

　　植株高17~35厘米。块茎卵状椭圆形，长1~3厘米，肉质，下部掌状分裂，裂片细长。茎直立，较粗壮，圆柱形。叶片椭圆形或椭圆状长圆形，先端钝或急尖，基部收狭成抱茎的鞘。总状花序具多数密生的花，圆柱形；花紫红色或粉红色，极罕为带白色；花瓣直立，斜宽卵状三角形，与中萼片等长且较宽，较侧萼片稍狭，边缘具波状齿。花期7—9月。生长于海拔2800~4100米的山坡林下、灌丛下和高山草地中。在我国分布于陕西南部、甘肃东南部、青海南部、湖北西部、四川西部、云南西北部、西藏东部至南部。

矮角盘兰
Herminium chloranthum

兰科 角盘兰属

　　植株高4~15厘米。块茎椭圆形或圆球形，肉质。茎直立，较粗壮，无毛，基部具2~3枚筒状鞘，其上具叶。叶2枚，极罕为3枚，近对生，直立伸展，叶片长圆形、椭圆形、匙形或狭长圆形。总状花序具几朵至20余朵花，圆柱状；花中等大，淡绿色，垂头钩曲。花期7—8月。生长于海拔2500~4020米的山坡高山草甸或山坡草地中。在我国分布于云南（西北部）和西藏（东南部至南部）。

宽唇角盘兰
Herminium josephi

兰科 角盘兰属

　　植株高11~27厘米。块茎卵球形或椭圆形，肉质。茎直立，较粗壮，基部具2~3枚筒状鞘，其上具2枚近对生的叶，在叶之上有时还具1枚苞片状小叶。叶片长圆形或线状披针形，直立伸展，先端急尖，基部渐狭成抱茎的鞘。总状花序具7~10余朵花，圆柱状；花苞片直立伸展，卵状披针形至披针形；花较小，稍疏生，萼片绿色，花瓣和唇瓣黄绿色；花瓣卵状披针形。花期7—8月。生长于海拔1950~3900米的山坡林下、冷杉林缘、高山灌丛草甸或高山草甸中。在我国分布于四川（西部、汶川以南）、云南（西北部至东北部）、西藏（东南部至南部）。

沼兰
Malaxis monophyllos

兰科 沼兰属

　　地生草本。假鳞茎卵形，较小，外被白色的薄膜质鞘。叶通常1枚，较少2枚，斜立，卵形、长圆形或近椭圆形。花葶直立，除花序轴外近无翅；总状花序具数十朵或更多的花；花小，较密集，淡黄绿色至淡绿色；中萼片披针形或狭卵状披针形。蒴果倒卵形或倒卵状椭圆形。花果期7—8月。生长于林下、灌丛中或草坡上，海拔变化较大。在我国分布于黑龙江、吉林、辽宁、内蒙古、河北、山西、陕西、甘肃、台湾、河南、四川、云南西北部和西藏。

白缘角盘兰 （中国新记录）
Herminium albomarginatum

兰科 角盘兰属

　　块茎小草本，植株10~14厘米高。块茎球状，长0.6~1.4厘米，宽0.7~1.3厘米。茎长6.5~11厘米，一般具有2枚叶，叶鞘管状，卵形，先端钝，长2~3.5厘米，宽0.6~0.7厘米。叶交错而生，圆形至椭圆形，基部钝圆并且形成鞘，叶长3~5厘米，宽1.3~2.4厘米。花序具5~20朵花，花序轴长1~3厘米，花的苞片披针形，长1~2厘米，宽0.3~0.4厘米，上部苞片三角形，长1~1.5毫米。花白色，萼片绿色具白色边缘，子房4~6毫米，无梗，具喙。上萼片宽椭圆形至卵形，先端钝，长4毫米，宽2.5毫米，侧萼片椭圆形至卵形，先端钝，长4毫米，宽3毫米。花瓣近圆形，先端凹，长2毫米，宽1毫米。唇瓣3裂，长2毫米，宽1毫米，侧裂片长圆形，中裂片长圆形，先端钝，矩圆柱状，长2毫米。合蕊柱1.5毫米长，花粉团棍棒状椭圆形，1~1.2毫米，蕊喙三角形，柱头枕状。

珠峰齿缘草

Eritrichium qofengense

紫草科 齿缘草属

多年生草本，高2~5厘米，垫状。茎纤细，稍高出叶丛，疏生柔毛。叶基生，长圆形、宽椭圆形或倒卵形，两面被开展的柔毛。花序顶生，有花1或2朵；花萼裂片披针形，反折，外面密被伏毛，内面疏生短伏毛；花冠紫蓝色，钟状筒形，筒长约1.2毫米，裂片倒卵形或短长圆形，基部部分外壁向内凹陷而内面微凸，呈倒三角形或倒心形。花果期6—7月。生长于海拔5480~5500米的高山草甸、岩石阴处及冰川侧面碛石隙。产于西藏（革吉和珠穆朗玛峰北坡）。

污花胀萼紫草

Maharanga emodi

紫草科 滇紫草属

多年生草本，高30~40厘米，具直伸的根。茎数条丛生，平卧或斜升，不分枝，上部叶腋生花枝，具开展的白色硬毛及短伏毛。叶带状披针形或倒披针形，两面均被向上贴伏的硬毛及短伏毛，无柄。花序生茎顶及枝顶，略呈头状；花冠污红色，壶状，中部最宽，喉部缢缩，裂片三角形，外面密生伏毛，中部以下有5个向内凹陷的沟槽，褶半椭圆形，被柔毛。花期6—7月。生长于海拔2800~3200米的溪边湿润地。分布于中国西藏（吉隆及聂拉木）。

毛果草

Lasiocaryum densiflorum

紫草科 毛果草属

　　一年生草本，高3~6厘米。茎通常自基部强烈分枝，有伏毛。茎生叶无柄或近无柄，卵形、椭圆形或狭倒卵形，两面有疏柔毛，先端钝或急尖，基部渐狭，脉不明显。聚伞花序生长于每个分枝的顶端，通常具多数花；花冠蓝色，无毛，筒部与萼近等长，檐部直径约3毫米，裂片倒卵圆形。小坚果狭卵形，淡褐色，沿皱纹有短伏毛，背面中线微呈龙骨状隆起，着生面卵状线形。种子卵形，背腹稍扁，棕褐色。8月开花。生长于海拔4000~4500米的石质山坡。在我国分布于西藏南部和四川西部。

高山大戟
Euphorbia stracheyi

大戟科 大戟属

多年生直立草本，上端幼嫩部分被白色卷曲微柔毛，茎基部带紫色，具长0.6~1厘米膜质长卵状鳞片。叶无柄，互生，长圆形、卵状长圆形、线状椭圆形或多少倒披针形；花序基部的叶，3~4枚轮生，多少菱形或卵形。总苞钟状，外面被白色微柔毛，后变无毛，内面密被柔毛，腺体横长圆形；花柱基部多少合生，顶端稍增大而成头状，不分裂。花果期7—8月。生长于海拔3100~4200米的路旁、山坡灌丛中。在我国分布于西藏米林、聂拉木。

甘青大戟
Euphorbia micractina

大戟科 大戟属

多年生草本。茎自基部3~4分枝，每个分枝向上不再分枝。叶互生，长椭圆形至卵状长椭圆形，先端钝，中部以下略宽或渐狭，变异较大，基部楔形或近楔形，两面无毛，全缘；侧脉羽状，不明显至清晰可见。花序单生于二歧分枝顶端，基部近无柄。雄花多枚，伸出总苞；雌花1枚，明显伸出总苞之外。花果期6—7月。生长于海拔1500~2700米的山坡、草甸、林缘及沙石砾地区。在我国分布于河南（西北部）、四川、山西、陕西、甘肃、宁夏、青海、新疆（东部）和西藏。

霸王鞭
Euphorbia royleana

大戟科 大戟属

肉质灌木，具丰富的乳汁。茎高5~7米，上部具数个分枝，幼枝绿色；茎与分枝具5~7棱，每棱均有微隆起的棱脊，脊上具波状齿。叶互生，密集于分枝顶端，倒披针形至匙形，边缘全缘；侧脉不明显，肉质。花序二歧聚伞状着生长于节间凹陷处，且常生长于枝的顶部；总苞杯状，黄色。蒴果三棱状，平滑无毛，灰褐色。种子圆柱状，褐色，腹面具沟纹；无种阜。花果期5—7月。在我国分布于广西、四川、云南、西藏等地。

两头毛

Incarvillea arguta

紫葳科 角蒿属

　　多年生具茎草本，分枝，高达1.5米。叶互生，为一回羽状复叶，不聚生于茎基部；小叶5~11枚，顶端长渐尖，基部阔楔形，边缘具锯齿，上面深绿色，疏被微硬毛，下面淡绿色，无毛。顶生总状花序，有花6~20朵。花萼钟状，长5~8毫米，萼齿5片，钻形，基部近三角形。花冠淡红色、紫红色或粉红色，钟状长漏斗形。花药成对连着，丁字形着生。花期3—7月，果期9—12月。生长于海拔1400~2700米的干热河谷、山坡灌丛中。在我国分布于甘肃、四川东南部、贵州西部及西北部、云南东北部及西北部、西藏。

藏波罗花

Incarvillea younghusbandii

紫葳科 角蒿属

矮小宿根草本，高10~20厘米，无茎。叶基生，平铺于地上，为一回羽状复叶；顶端小叶卵圆形至圆形，较大，长顶端圆或钝，基部心形，侧生小叶2~5对，卵状椭圆形，粗糙，具泡状隆起，有钝齿，近无柄。花单生或3~6朵着生于叶腋中抽出缩短的总梗上。花萼钟状，无毛，萼齿5片，不等大，平滑。花冠细长，漏斗状，花冠筒橘黄色，花冠裂片开展，圆形。花期5—8月，果期8—10月。生长于海拔4000~5000米的高山沙质草甸及山坡砾石垫状灌丛中。在我国分布于青海、西藏。

长叶云杉

Picea smithiana

松科 云杉属

　　乔木，高达60米；树皮淡褐色，浅裂成圆形或近方形的裂片；大枝平展，小枝下垂，树冠窄；幼枝淡褐色或淡灰色，无毛。叶辐射斜上伸展，四棱状条形，细长，长3~5厘米，向内弯曲，先端尖，横切面四方形或近四方形，高宽相等或近相等，或两侧略扁，高大于宽，每边具2~5条气孔线。球果圆柱形，两端渐窄，成熟前绿色，熟时褐色，有光泽。生长于海拔2400~3200米地带。在我国仅分布于西藏南部吉隆。

西藏冷杉
Abies spectabilis

松科 冷杉属

　　乔木，高达50米，胸径可达1.5米以上；树皮粗糙，裂成鳞片状；大枝开展，树冠宽塔形；小枝淡黄灰色、褐色或淡红褐色。叶在果枝下面列成两列，上面的叶斜展、密生，先端有凹缺或二裂，上面光绿色，下面有2条白粉带，绿色中脉明显或被白粉。球果大，圆柱形，成熟前深紫色，熟时深褐色或淡蓝褐色，或微带紫色。在我国分布于海拔2600~3900米的西藏南部（吉隆、聂拉木、定日、定结等地）。

乔松
Pinus wallichiana

松科 松属

　　乔木，高达70米，胸径1米以上；树皮暗灰褐色，裂成小块片脱落；枝条广展，形成宽塔形树冠。针叶5针一束，细柔下垂，先端渐尖，边缘具细锯齿，背面苍绿色，无气孔线，腹面每侧具4~7条白色气孔线。球果圆柱形，中下部稍宽，上部微窄，两端钝，具树脂，鳞盾淡褐色，菱形，微成蚌壳状隆起，有光泽，常有白粉；种子褐色或黑褐色，椭圆状倒卵形。花期4—5月，球果第二年秋季成熟。生长于针叶树阔叶树混交林中。在我国分布于西藏南部海拔2500~3300米地带及东南部、云南西北部海拔1600~2600米地带。

大苞棱子芹

Pleurospermum macrochlaenum

伞形科 棱子芹属

多年生草本，高40~60厘米。茎直立，无毛，有纵条纹，自茎的下部起分枝。基生叶有柄。叶柄扁平，边缘膜质，向基部扩展成膜质叶鞘，叶片轮廓三角形；茎生叶无柄，叶片基部有长方形的膜质叶鞘。顶生复伞形花序直径10厘米左右；花多数；萼齿不明显；花瓣宽卵形或近圆形，淡红色，基部有爪，顶端不内折。生长于海拔3500米坡地上。产于我国西藏西南部。模式标本采自西藏吉隆。

乌饭树叶蓼

Polygonum vaccinifolium

蓼科 蓼属

　　小灌木，密集成簇生状，高10~20厘米。老枝近平卧，多分枝，树皮黑褐色，纵裂；小枝近直立，密集。叶椭圆形，薄革质，顶端急尖，基部狭楔形，边缘全缘，外卷；叶柄短，粗壮。总状花序呈穗状，顶生；苞片长卵形，膜质，顶端尖，每苞内1~2朵花；花被5深裂，紫红色，花被片长椭圆形。花期8—9月，果期10月。生长于海拔3000~4200米的山坡灌丛。产于中国西藏（错那、亚东、定日）。

密穗蓼
Polygonum affine

蓼科 蓼属

　　半灌木，根状茎木质，横走，枝直立，草质，高10~15厘米，无毛，密集成簇生状。基生叶倒披针或披针形，近革质，顶端急尖，基部狭楔形，上面绿色，下面灰绿色，两面无毛。总状花序呈穗状，顶生，直立，紧密，粗壮。花期7—8月，果期8—9月。生长于海拔4000~4900米的山坡石缝、山坡草地。在我国分布于西藏（米林、朗县、聂拉木、吉隆）。

青藏蓼
Polygonum fertile

蓼科 蓼属

　　一年生草本。茎细弱，直立或上升，高5~8毫米，分枝，枝开展，无毛，带红色。叶倒卵形或椭圆形，顶端圆钝或稍尖，基部楔形，两面无毛或下面被疏柔毛。花簇腋生或顶生，花被4深裂，白色，花被片椭圆形。瘦果长卵形，双凸镜状，稀具3棱，褐色，无光泽，比宿存花被稍长。花期7—8月，果期8—9月。生长于海拔2700~4900米的山坡草地、山谷湿地。在我国分布于甘肃、青海、四川及西藏。

细茎蓼
Polygonum filicaule

蓼科 蓼属

    一年生草本。茎细弱，外倾或仰卧，丛生，高10~30厘米，多分枝，具纵棱，疏生糙伏毛，节部具倒生毛。叶卵形或披针形卵形，顶端急尖，基部楔形，边缘全缘，具缘毛，两面具糙伏毛。花序头状，腋生或顶生，花序梗具糙伏毛；花被5深裂，白色或淡红色，花被片椭圆形。瘦果椭圆形，黄褐色，微有光泽，稍突出于花被之外。花期7—8月，果期9—10月。生长于海拔2000~4000米的山坡草地、山谷灌丛。在我国分布于四川、云南、西藏，间断分布于台湾高山地区。

圆穗蓼
Polygonum macrophyllum

蓼科 蓼属

    多年生草本。根状茎粗壮，弯曲，直径1~2厘米。茎直立，高8~30厘米，不分枝，2~3条自根状茎发出。基生叶长圆形或披针形，有时疏生柔毛，边缘叶脉增厚，外卷。总状花序呈短穗状，顶生；花被5深裂，淡红色或白色，花被片椭圆形。瘦果卵形，具3棱，黄褐色，有光泽，包于宿存花被内。花期7—8月，果期9—10月。生长于海拔2300~5000米的山坡草地、高山草甸。在我国分布于陕西、甘肃、青海、湖北、四川、云南、贵州和西藏。

长梗蓼

Polygonum griffithii

蓼科 蓼属

　　多年生草本。根状茎粗壮，横走，黑褐色，直径1.5~3厘米，长可达20~40厘米。茎直立，高20~40厘米。总状花序呈穗状，顶生或腋生，疏松，俯垂，长3~5厘米，直径1.5~2厘米。瘦果长椭圆形，具3棱，黄褐色，有光泽，长4~5毫米，包于宿存花被内。花期7—8月，果期9—10月。生长在海拔3000~5000米的山坡草地、山坡石缝。分布于中国云南、西藏。不丹、缅甸北部也有。

倒毛蓼
Polygonum molle var. rude

蓼科 蓼属

　　半灌木。茎直立，多分枝，具长硬毛，有时无毛，节部毛较密，高90~150厘米。叶片椭圆形或椭圆状披针形，顶端渐尖，基部楔形，上面绿色，疏生绢毛，下面淡绿色，具绢毛，有时毛较密。花序圆锥状，大型，开展，花序轴密生柔毛；花被片椭圆形，果时增大呈肉质，以后变成黑色。瘦果卵形，具3棱，黑色，有光泽，长于宿存的肉质的花被。花果期8—11月。生长于海拔1300~3200米的山坡林下、山谷草地。在我国分布于广西、贵州、云南、西藏。

头序大黄
Rheum globulosum

蓼科 大黄属

　　极矮小草本，高仅2~8厘米，根粗壮，直径1~3厘米，无茎。叶基生，通常只1片，稀2片，叶片略肥厚，革质，圆肾形或近圆形，叶上面暗绿色，下面暗紫红色，两面无毛或近等长，无毛或粗糙。花葶单生，无毛或粗糙，花序呈圆头状，直径1~2厘米，花密集；花被片6片，肉质不开展，内外轮近等大，倒卵形或上部稍宽的矩圆形，中部淡绿色，边缘粉白色。花期6—7月，果期8月以后。生长于海拔4500~5000米的山坡沙砾地或河滩草地。分布于西藏中南部。

穗序大黄
Rheum spiciforme

蓼科 大黄属

　　草本，无茎；花葶多数，高10~30厘米。叶基生，宽卵形或圆卵形，革质，顶端尖或圆钝，基部浅心形，边缘波状，两面或下面具小突起，具5条基出脉。花序为穗状的总状花序；花被片长圆形，淡绿色，花梗细弱，中下部具关节。生长于海拔4100~5200米的山坡草地、河滩沙砾地。在我国分布于西藏班戈、定日、聂拉木、吉隆、扎达、日土。

心叶大黄
Rheum acuminatum

蓼科 大黄属

　　中型草本，高50~80厘米。茎直立，中空，基部有时在花期以前具疏短毛，通常为暗紫红色。基生叶1~3片，叶片宽心形或心形，顶端渐尖或长渐尖，基部深心形，全缘，叶上面暗绿色，光滑无毛，下面紫红色，具短毛。圆锥花序自中部分枝，一般为2次分枝，排列稀疏，通常无毛，10朵簇生，簇间较疏，紫红色；花盘略呈瓣状。果实长圆状卵形或宽卵圆形，鲜时紫红色，干后紫褐色。种子卵形或窄卵形，土棕色。花期6—7月，果期8—9月。生长于海拔2800~4000米山坡、林缘或林中。在我国分布于四川、云南及西藏，最北可达甘肃南部。

菱叶大黄

Rheum rhomboideum

蓼科 大黄属

    铺地矮小草本，无茎，根直径达5厘米。叶基生，叶片近革质，菱形、菱状卵形或菱状椭圆形，最宽部分在中部或偏下，全缘，基出脉多为5条，叶上面光滑无毛，下面被乳突毛；叶柄短于叶片，近半圆柱状，具乳突或无毛。花葶常较多，自根状茎顶端生出，通常短于叶，下部光滑或被短毛，穗状的总状花序；花红紫色，花被片窄矩圆状椭圆形。花期6—7月，果期8—9月。生长于海拔4700~5400米的山坡草地或河滩草地。在我国分布于西藏中部到东部。

塔黄

Rheum nobile

蓼科 大黄属

　　高大草本，高1~2米，根状茎及根长而粗壮。茎单生不分枝，粗壮挺直，光滑无毛，具细纵棱。基生叶数片，呈莲座状，具多数茎生叶及大型叶状圆形，近革质，基出脉5~7条，叶上面光滑无毛，下面无毛或有时在脉上具稀疏短毛。花序分枝腋生，常5~8枝成丛，总状；花5~9朵簇生；花被片6片或较少，黄绿色。果实宽卵形或卵形，深褐色。种子心状卵形，黑褐色。花期6—7月，果期9月。生长于海拔4000~4800米的高山石滩及湿草地。在我国分布于西藏东南部及云南西北部。

卵果大黄
Rheum moorcroftianum

蓼科 大黄属

　　铺地矮小草本，无茎。基生叶3~6片，呈莲座状，叶片革质，卵形或三角状卵形，基部圆形或近心形，有时略呈耳状心形，全缘，掌羽状脉，叶上面绿色，下面常暗紫色，两面光滑无毛，偶于叶下面脉上具稀乳突毛。花葶2~3枝或多达4~5枝，通常与叶等长或稍长，长10~15厘米；穗状的总状花序，花黄白色或稍带红色。果实卵形或宽卵形，翅窄，纵脉在中间，幼期淡紫红色。种子卵形。花期7月，果期8—9月。生长于海拔4500~5300米山坡沙砾地带或河滩草甸。在我国分布于西藏西部及中部。

美花红景天
Rhodiola calliantha

景天科 红景天属

　　花茎长12~18厘米。叶互生，有长2毫米的柄，叶菱状卵形、狭菱状卵形至椭圆形或狭椭圆形，先端急尖，基部渐狭，边缘上部有粗锯齿状圆齿。复聚伞花序，总梗长5~15毫米；苞片似叶而小；花梗短；萼片三角形至卵状三角形；花瓣淡红色至紫色，狭倒卵形；鳞片近长方形，先端圆。花期6月。生长于海拔3600米的阴坡岩石上。在我国分布于西藏吉隆（托丹北）。

柴胡红景天
Rhodiola bupleuroides

景天科 红景天属

多年生草本。根颈粗，倒圆锥形，棕褐色，先端被鳞片，鳞片棕黑色。花茎1~2枝，少有更多的。叶互生，无柄或有短柄，厚草质，形状与大小变化很大，狭至宽椭圆形、近圆形或狭至宽卵形或倒卵形或长圆状卵形，全缘或有少数锯齿。伞房状花序顶生，有7~100朵花，有苞片，苞片叶状；雌雄异株，萼片5片，紫红色；花瓣5枚，暗紫红色，雄花的倒卵形至狭倒卵形。花期6—8月，果期8—9月。生长于海拔2400~5700米的山坡石缝中或灌丛中或草地上。在我国分布于西藏、云南西北部、四川西部。

矮生红景天
Rhodiola humilis

景天科 红景天属

多年生草本。主根粗，根颈直立，短，不分枝，先端被长三角形的鳞片。基生叶的老叶线形，先端截形，基生嫩叶有柄，柄线形，叶片线状倒披针形至线状菱形，先端稍急尖。花茎少数，2~6枝；茎生叶互生，线状椭圆形，两端狭，基部无柄，全缘。花单生；萼片5片，卵状长圆形，先端钝或急；花瓣5枚，卵形，向上渐狭，花柱短。花期9月，果期9月。生长于海拔4500米的高山草甸。在我国分布于西藏。

喜马红景天
Rhodiola himalensis

景天科 红景天属

　　多年生草本。根颈伸长，老的花茎残存，先端被三角形鳞片。花茎直立，圆，常带红色，被多数透明的小腺体。叶互生，疏覆瓦状排列，披针形至倒披针形或倒卵形至长圆状倒披针形。花序伞房状，花梗细；雌雄异株；花瓣4枚或5枚，深紫色，长圆状披针形。花期5—6月，果期8月。生长于海拔3700~4200米的山坡上、林下、灌丛中。在我国分布于西藏、云南及四川西北部。

大花红景天
Rhodiola crenulata

景天科 红景天属

　　多年生草本。地上的根颈短，残存花枝茎少数，黑色，高5~20厘米。不育枝直立，高5~17厘米，先端密着叶，叶宽倒卵形，长1~3厘米。花茎多，直立或扇状排列，高5~20厘米，稻秆色至红色。花序伞房状，有多花，长2厘米，宽2~3厘米，有苞片；花大形，有长梗，雌雄异株。花期6—7月，果期7—8月。生长于海拔2800~5600米的山坡草地、灌丛中、石缝中。在我国分布于西藏、云南西北部、四川西部。

长鞭红景天
Rhodiola fastigiata

景天科　红景天属

　　多年生草本。根颈长达50厘米以上，不分枝或少分枝，每年伸出达1.5厘米。花茎4~10枝，着生主轴顶端，叶密，互生，线状长圆形、线状披针形、椭圆形至倒披针形。花序伞房状；雌雄异株；花密生；花瓣5枚，红色，长圆状披针形。花期6—8月，果期9月。生长于海拔2500~5400米的山坡石上。在我国分布于西藏、云南、四川。

膜鞘风毛菊
Saussurea pilinophylla

菊科　风毛菊属

　　多年生草本，高2~4厘米。根状茎分枝，颈部被淡褐色膜质的残叶柄，自颈部常常生出不孕枝和花茎。茎被绢状绒毛。叶条状披针形，先端渐尖，基部渐狭后又扩大成鞘、膜质，边缘有齿，两面密被白色绢毛，中脉明显。头状花序单生于茎顶，基部约有苞叶5枚，紫色，密被白色绢毛；总苞宽钟形，密被白色绢毛，外层卵形，黑褐色；花紫红色。生长于海拔4900~5300米的高山流石滩砾石坡。在我国，分布于西藏申扎、比如。

密毛风毛菊

Saussurea graminifolia

菊科 风毛菊属

多年生草本，高10~20厘米。根状茎有分枝，颈部被褐色残鞘。茎直立，密被白色长棉毛。基生叶狭线形，上面无毛，下面灰白色，密被白色棉毛，边缘全缘，反卷；茎生叶与基生叶同形，基部扩大成紫色膜质的鞘，反折。头状花序单生茎端。总苞近球形；总苞片4~5层，外层披针形，紫红色。小花紫色。瘦果圆柱状，无毛，顶端有小冠。花果期7—9月。生长于海拔4500~4600米的山坡草地上、砾石滩边缘草地上。在我国分布于西藏（聂拉木、定日）。

苞叶雪莲

Saussurea obvallata

菊科 风毛菊属

多年生草本，高16~60厘米。根状茎粗，颈部被稠密的褐色纤维状撕裂的叶柄残迹。茎直立，有短柔毛或无毛。基生叶有长柄，柄长达8厘米；叶片长椭圆形或长圆形、卵形。头状花序6~15个，在茎端密集成球形的总状花序。全部苞片顶端急尖，边缘黑紫色，外面被短柔毛及腺毛。小花蓝紫色，管部长8毫米，檐部长10毫米。瘦果长圆形。花果期7~9月。生长于海拔3200~4700米的高山草地、山坡多石处、溪边石隙处、流石滩。分布于甘肃、青海、四川、云南、西藏。

雪兔子
Saussurea gossipiphora

菊科 风毛菊属

多年生一次结实有茎草本。茎直立，高达30厘米，被稠密的白色或黄褐色的厚棉毛，基部被褐色残存的叶柄。下部叶线状长圆形或长椭圆形，边缘有尖齿或浅齿，两面无毛或幼时下面有长棉毛；上部茎叶渐小；最上部茎叶苞片状，线状披针形。头状花序无小花梗，多数在茎端密集成直径为7~10厘米的半球状的总花序。瘦果黑色。花果期7—9月。生长于海拔4500~5000米的高山流石滩、山坡岩缝中、山顶沙石地。在我国分布于云南、西藏。

三指雪兔子
Saussurea tridactyla

菊科 风毛菊属

多年生多次结实有茎草本。根黑褐色，细长，垂直直伸。茎高8~15厘米，密被白色或带褐色的长棉毛，基部被残存的褐色叶柄。叶密集，全部叶两面同色，白色或灰白色，密被稠密的棉毛。头状花序多数，无小花梗，在茎端集成半球形的、直径4~5.5厘米的总花序，总花序为白色棉毛所覆盖。小花紫红色，长1厘米。花果期8—9月。生长于海拔4300~5300米的高山流石滩、山顶碎石间、山坡草地。在我国，分布于西藏（亚东、浪卡子、加查、朗县、错那、八宿）。

鼠曲雪兔子

Saussurea gnaphalodes

菊科 风毛菊属

多年生多次结实丛生草本，高1~6厘米。根状茎细长，通常有数个莲座状叶丛。叶密集，长圆形或匙形，基部楔形渐狭柄，顶端钝或圆形，边缘全缘或上部边缘有稀疏的浅钝齿。头状花序无小花梗，多数在茎端密集成半球形的总花序。小花紫红色，细管部长5毫米，檐部长4毫米。花果期6—8月。生长于海拔2700~5700米的山坡流石滩。在我国分布于青海、甘肃、新疆、四川、西藏等地。

莛菊
Cavea tanguensis

菊科 莛菊属

　　根状茎粗厚，近木质，长达10厘米，或较细长，有分枝。茎基粗壮，被有枯萎叶的残片，有花茎和莲座状基叶束簇生。花茎常粗壮，直立或从膝曲的基部斜升，有细沟纹，常稍紫色，被褐色短腺毛，有少数至10余枚叶。头状花序单生于茎端，近球形。小花紫色，极多数。花期5—7月，果期8月。生长于海拔3960~5080米高山近雪线地带的砾石坡地、干燥沙地和河谷或灌丛间。在我国分布于西藏南部至四川西部。

毛苞刺头菊
Cousinia thomsonii

菊科 刺头菊属

　　两年生草本，根直伸。茎直立，高30~80厘米，上部分枝、全部茎枝灰白色，被密厚的蛛丝状绒毛。基生叶与下部茎叶全形长椭圆形或倒披针形，羽状全裂。全部茎叶质地坚硬，革质，两面异色，上面绿色，无毛，下面灰白色，被密厚的绒毛。头状花序单生枝端，植株含多数头状花序。总苞近球形，被稠密的蓬松的蛛丝毛。全部苞片质地坚硬，革质，大部紫红色，最内层全部或中外层下部或内层苞片大部边缘有短缘毛。小花粉红色或紫红色。花果期7—9月。生长于海拔3700~4300米的山坡草地、河滩砾石地。在我国分布于西藏喜马拉雅山地（聂拉木、吉隆、普兰、扎达）。

绢毛苣
Soroseris glomerata

菊科 绢毛苣属

多年生草本，高3~20厘米。地下根状茎直立，为流石覆埋，被退化的鳞片状叶，鳞片状叶稀疏或稠密；地上茎极短，被稠密的莲座状叶；莲座状叶丛的叶或自地下茎发出的地上叶及其叶柄被白色长柔毛或无毛。头状花序多数，在莲座状叶丛中集成直径为3~5厘米的团伞花序，花序梗长3~8毫米，被稀疏或稠密的长柔毛或无毛。舌状小花4~6朵，黄色，极少白色或粉红色。花果期5—9月。生长于海拔3200~5600米的高山流石滩及高山草甸。在我国分布于四川、云南、西藏。

皱叶绢毛苣
Soroseris hookeriana

菊科 绢毛苣属

多年生草本。根长，垂直直伸，倒圆锥状。茎极短或几无茎，高1~8厘米。叶稠密，集中排列在团伞花序下部，线形或长椭圆形，皱波状羽状浅裂或深裂。头状花序多数在茎端排成团伞状花序，团伞花序直径2~9厘米。舌状小花黄色，4朵。瘦果长倒圆锥状，微压扁，下部收窄，顶端截形。花果期7—8月。生长于海拔4980~5450米的高山草甸或灌丛中或冰川石缝中。分布于甘肃、西藏、陕西。

西藏扁芒菊

Waldheimia glabra

菊科 扁芒菊属

　　多年生草本，高2~4厘米；根状茎匍匐，木质化，多分枝。茎多数，短缩，近直立，无毛或疏生短柔毛，密生莲座状叶丛。叶匙形，顶端3~5深裂，向基部急狭成短翼柄。头状花序单生茎端或枝端，花梗被棉毛，近总苞基部的毛较密。舌状花12~20朵，中性，有1~2条退化的冠毛；舌片粉红色，椭圆形至宽椭圆形。管状花两性，多数，花冠黄色；瘦果长约2毫米，无毛。花果期7—8月。生长于海拔4900~5500米的高山碎石坡石缝中。分布于我国西藏。

红指香青

Anaphalis rhododactyla

菊科 香青属

　　根状茎粗壮，灌木状，被密集的枯叶残片，有多数直立的分枝或不育茎，常密集成垫状。叶倒卵形，顶端圆形，有时具点状小尖头，被灰色密棉毛。花茎生长于不育茎上，被灰色或黄白色密棉毛，有较密的叶。头状花序5~10个，密集成伞房状；总苞片约5层，稍开展，外层卵圆形或椭圆形，上部紫红色，下部褐色，被棉毛。瘦果长圆形，被密腺体。花期7—8月，果期9月。生长于海拔3800~4200米的高山草地、开阔坡地或石灰岩缝隙上。在我国分布于四川西南部、云南西北部及西藏东部。

尼泊尔香青
Anaphalis nepalensis

菊科 香青属

多年生草本，根状茎细或稍粗壮，有长达20~40厘米的细匍枝；匍枝有倒卵形或匙形、长1~2厘米的叶和顶生的莲座状叶丛。茎直立或斜升，被白色密棉毛，有密或疏生的叶。下部叶在花期生存，稀枯萎，与莲座状叶同形、匙形、倒披针形或长圆披针形。头状花序1枝或少数，稀较多而疏散伞房状排列。花托蜂窝状。雌株头状花序外围有多层雌花，中央有3~6朵雄花；雄株头状花序全部有雄花，或外围有1~3朵雌花。花期6—9月，果期8—10月。在我国分布于西藏、甘肃、四川、云南、陕西。

小舌紫菀
Aster albescens

菊科 紫菀属

灌木，高30~180厘米，多分枝。叶卵圆、椭圆或长圆状，披针形，全缘或有浅齿。头状花序多数在茎和枝端排列成复伞房状；花序梗长5~10毫米，有钻形苞叶。舌状花15~30朵；管状花黄色，管部长2毫米，裂片长0.5毫米。瘦果长圆形，被白色短绢毛。花期6—9月，果期8—10月。生长于海拔500~4100米的低山至高山林下及灌丛中。在我国分布于西藏、云南、贵州、四川、湖北、甘肃及陕西南部。

粗齿天名精
Carpesium tracheliifolium

菊科 天名精属

多年生草本。茎直立，高40~70厘米，被开展的疏长柔毛，上部及枝上较密，基部常带紫色，有不明显的纵条纹。基叶于开花前凋萎，茎下部叶具长柄，卵形至卵状披针形。头状花序小，单生茎、枝端及上部叶腋，具短梗或几无梗，成总状花序式排列。雌花狭筒状，冠檐5齿裂；两性花筒状，向上稍宽，冠檐5齿裂。瘦果长约2.5毫米。生长于海拔2500米的山谷及林下。在我国分布于西藏（察隅）、云南（贡山）及四川（宝兴）。

贡山蓟
Cirsium eriophoroides

菊科 蓟属

　　多年生高大草本，高1~3.5米。茎基部直径1.5厘米，被稀疏的多细胞长节毛及蛛丝毛，上部分枝。中下部茎叶长椭圆形，有长或短叶柄，叶柄宽扁，边缘有刺齿或针刺。全部茎叶质地薄，纸质，两面同色，绿色或下面稍淡。总苞球形，被稠密而蓬松的棉毛，基部有苞片，苞片线形或披针形，边缘有长针刺。小花紫色。瘦果倒披针状长椭圆形。花果期7—10月。生长于海拔2080~4100米的山坡灌丛中或丛缘或山坡草地、草甸、河滩地或水边。在我国分布于四川、云南西北部及西藏东南部。

莱菔叶千里光
Senecio raphanifolius

菊科 千里光属

　　多年生具茎叶草本，根状茎粗，直径10~15毫米。茎单生或有时2~3枝，直立，高60~150厘米，不分枝或具花序枝，被疏蛛丝状毛，或后变无毛。基生叶和最下部茎叶全形倒披针形，具缺刻状齿或细裂，纸质，上面无毛，下面被疏蛛丝状毛或无毛。头状花序有舌状花，多数，排列成顶生伞房花序或复伞房花序。总苞宽钟状或半球形。舌状花12~16朵，舌片黄色，长圆形；花冠黄色，管部长2毫米，檐部漏斗状。瘦果圆柱形，无毛。花期7—9月。生长于海拔2700~4400米的山地林下、草甸、草坡及河岸边。在我国分布于西藏。

高丛珍珠梅

Sorbaria arborea

蔷薇科　珍珠梅属

　　落叶灌木，高达6米，枝条开展。羽状复叶，小叶片13~17枚，微被短柔毛或无毛；小叶片对生，相距2.5~3.5厘米，披针形至长圆披针形，边缘有重锯齿，羽状网脉。顶生大型圆锥花序，分枝开展，总花梗与花梗微具星状柔毛；花直径6~7毫米；花瓣近圆形，白色；雄蕊着生在花盘边缘，约长于花瓣1.5倍。花期6—7月，果期9—10月。生长于海拔2500~3500米的山坡林边、山溪沟边。在我国分布于陕西、甘肃、新疆、湖北、江西、四川、云南、贵州、西藏。

四蕊山莓草
Sibbaldia tetrandra

蔷薇科 山莓草属

　　丛生或垫状多年生草本。根粗壮，圆柱形。花茎高2~5厘米。三出复叶，叶柄被白色疏柔毛；小叶倒卵长圆形，顶端截平，有3齿，基部楔形，两面绿色，被白色疏柔毛，幼时较密；托叶膜质，褐色，扩大，外面被稀疏长柔毛。花1~2朵顶生；萼片4枚，三角卵形，顶端急尖或圆钝；花瓣斗，黄色，倒卵长圆形，与萼片近等长或稍长。花果期5—8月。生长于海拔3000~5400米的山坡草地、林下及岩石缝中。在我国分布于青海、新疆、西藏。

白叶山莓草
Sibbaldia micropetala

蔷薇科 山莓草属

　　多年生草本。根粗壮，圆柱形，花茎上升，高10~30厘米，密被白色绒毛。基生叶为羽状复叶，有小叶4~6对，叶柄被白色绒毛，有时脱落为稀疏柔毛；小叶通常对生，无柄，长椭圆形或倒卵长圆形，边缘有缺刻状急尖锯齿，上面灰白色或绿色。花自叶腋单出，或有总梗具2~3朵花，花直径4~8毫米；花瓣黄色，长圆披针形，顶端圆钝，等于或短于萼。瘦果卵球形，褐色，部分光滑，部分有浅沟纹。花果期6—8月。生长于海拔2700~4300米的山坡草地及河滩地。在我国分布于四川、云南、西藏。

藏南绣线菊
Spiraea bella

蔷薇科 绣线菊属

　　落叶灌木，高达2米；小枝稍具棱角，被短柔毛或几无毛，黄褐色至红褐色。叶片卵形，椭圆卵形至卵状披针形，先端急尖，基部宽楔形至圆形，边缘自基部1/3以上有锐锯齿或重锯齿，下面沿叶脉具短柔毛或近无毛。复伞房花序顶生，多花；花梗具短柔毛；苞片椭圆披针形，微具毛；花趋向单性雌雄异株，淡红色、稀白色；萼筒钟状，外面稍具短柔毛；花瓣近圆形，长于萼片。生长于海拔2400~3600米的山坡灌丛中或杂木林下。在我国分布于云南西北部、西藏东南部。

拱枝绣线菊
Spiraea arcuata

蔷薇科 绣线菊属

　　小灌木；枝粗壮，拱形弯曲，老时无毛，暗褐色，具光泽，稍有棱角。叶片长椭圆形至倒卵形，先端圆钝，具3~8个锯齿或先端浅裂，稀全缘和急尖，基部渐狭成柄，无毛或近无毛。复伞房花序密具多花，总花梗和花梗微被柔毛；花红色，直径6~8毫米；花萼外被柔毛，萼筒陀螺状；花盘宽锯齿状。蓇葖果无毛，稀仅沿腹缝微具柔毛。生长于海拔3000~4200米的亚高山多石地带。在我国分布于云南、四川、西藏。

伏毛金露梅

Potentilla fruticosa var. arbuscula

蔷薇科 委陵菜属

灌木，高0.5~2米，多分枝，树皮纵向剥落。小枝红褐色，幼时被长柔毛。羽状复叶，有小叶2对，稀3片小叶；叶柄被绢毛或疏柔毛；小叶片长圆形、倒卵长圆形或卵状披针形，全缘，边缘平坦，两面绿色，疏被绢毛或柔毛或脱落几无毛。单花或数朵生于枝顶，花梗密被长柔毛或绢毛；萼片卵圆形，顶端急尖至短渐尖；花瓣黄色，宽倒卵形，顶端圆钝，比萼片长。花果期6—9月。生长于海拔1000~4000米的山坡草地、砾石坡、灌丛及林缘。在我国分布于黑龙江、吉林、辽宁、内蒙古、河北、山西、陕西、甘肃、新疆、四川、云南、西藏。

小叶金露梅
Potentilla parvifolia

蔷薇科 委陵菜属

  灌木，高0.3~1.5米，分枝多，树皮纵向剥落。小枝灰色或灰褐色，幼时被灰白色柔毛或绢毛。叶为羽状复叶，有小叶2对，常混生有3对，基部两对小叶呈掌状或轮状排列；小叶小，披针形、带状披针形或倒卵披针形，两面绿色，被绢毛。顶生单花或数朵，花梗被灰白色柔毛或绢状柔毛；萼片卵形，顶端急尖；花瓣黄色，宽倒卵形，顶端微凹或圆钝，比萼片长1~2倍。花果期6—8月。生长于海拔900~5000米的干燥山坡、岩石缝中、林缘及林中。在我国分布于黑龙江、内蒙古、甘肃、青海、四川、西藏。

楔叶委陵菜
Potentilla cuneata

蔷薇科 委陵菜属

矮小丛生亚灌木或多年生草本。根纤细，木质。花茎木质，直立或上升，高4~12厘米，被紧贴疏柔毛。基生叶为3出复叶，小叶片亚革质，倒卵形、椭圆形或长椭圆形。顶生单花或2花，花梗长2.5~3厘米，被长柔毛；花直径1.8~2.5厘米；花瓣黄色，宽倒卵形，顶端略为下凹，比萼片稍长。瘦果被长柔毛，稍长于宿萼。花果期6—10月。生长于海拔2700~3600米的高山草地、岩石缝中、灌丛下及林缘。在我国分布于四川、云南、西藏。

裂叶毛果委陵菜

Potentilla eriocarpa var. tsarongensis

蔷薇科 委陵菜属

　　亚灌木。根粗壮，圆柱形，根茎粗大延长，密被多年托叶残余，木质。花茎直立或上升，高4~12厘米，疏被白色长柔毛，有时脱落几无毛。基生叶3出掌状复叶；小叶片倒卵椭圆形，倒卵楔形或棱状椭圆形。花顶生1~3朵，花梗被疏柔毛；花直径2~2.5厘米；花瓣黄色，宽倒卵形，顶端下凹。瘦果外被长柔毛，表面光滑。花果期7—10月。生长于海拔2700~5000米的高山草地、岩石缝及疏林中。在我国分布于陕西、四川、云南、西藏。

小叶委陵菜
Potentilla microphylla

蔷薇科 委陵菜属

　　多年生矮小草本，常呈垫状。老根常木质化，圆柱形。花茎直立，高2~3厘米，被伏生白色柔毛。基生叶羽状复叶，有小叶6~12对。单花顶生稀2朵，花梗被伏生柔毛；花瓣倒卵形，顶端圆钝；花柱侧生，小枝状，柱头稍微扩大。瘦果具脉纹。花果期6—8月。生长于海拔3900~4800米的高山或岩石边草地。在我国分布于西藏。

多叶委陵菜
Potentilla polyphylla

蔷薇科 委陵菜属

　　多年生草本。花茎直立或上升，被开展长柔毛。基生叶为间断羽状复叶，有小叶7~10对，叶柄被开展微硬长柔毛，小叶片有短柄或无柄，倒卵形、卵形或椭圆形；茎生叶2~3对，与基生叶相似，唯向上小叶对数逐渐减少。聚伞花序顶生，疏散，少花；萼片三角椭圆形，顶端急尖，外被长柔毛，副萼片倒卵形，顶端圆形或圆截形；花瓣黄色，倒卵形，顶端圆钝，比萼片稍长；花柱梭形，两端渐狭，近基生，子房无毛。瘦果光滑。花果期7—10月。生长于海拔2900~4000米的山坡草地、林缘及林下。在我国分布于云南、西藏。

金露梅
Potentilla fruticosa

蔷薇科 委陵菜属

　　灌木，高0.5~2米，多分枝，树皮纵向剥落。小枝红褐色，幼时被长柔毛。羽状复叶，有小叶2对，上面一对小叶基部下延与叶轴汇合；叶柄被绢毛或疏柔毛；小叶片长圆形、倒卵长圆形或卵状披针形，两面绿色。单花或数朵生于枝顶，花梗密被长柔毛或绢毛；花瓣黄色，宽倒卵形，顶端圆钝，比萼片长。瘦果近卵形，褐棕色，外被长柔毛。花果期6—9月。生长于海拔1000~4000米的山坡草地、砾石坡、灌丛及林缘。在我国分布于黑龙江、吉林、辽宁、内蒙古、河北、山西、陕西、甘肃、新疆、四川、云南、西藏。

大叶蔷薇
Rosa macrophylla

蔷薇科 蔷薇属

　　灌木，高1.5~3米，小枝粗壮，有散生或成对直立的皮刺或有时无刺。小叶9~11枚；小叶片长圆形或椭圆状卵形，边缘有尖锐单锯齿，稀重锯齿，上面叶脉下陷，无毛，下面中脉突起，有长柔毛。花单生或2~3朵簇生，苞片1~2片，长卵形，先端渐尖，边缘有腺毛，外面沿中脉有短柔毛或无毛，中脉和侧脉明显突起；花梗及萼筒密被腺毛，有柔毛或无毛；花瓣深红色，倒三角卵形，先端微凹，基部宽楔形。生长于海拔3000~3700米的山坡或灌丛中。在我国分布于西藏、云南。

绢毛蔷薇

Rosa sericea

蔷薇科 蔷薇属

　　立灌木，高1~2米；枝粗壮，弓形；皮刺散生或对生，基部稍膨大，有时密生针刺。小叶7~11片；小叶片卵形或倒卵形，稀倒卵长圆形，边缘仅上半部有锯齿，基部全缘，上面无毛，有褶皱，下面被丝状长柔毛。花单生长于叶腋，无苞片；花瓣白色，宽倒卵形，先端微凹，基部宽楔形。果倒卵球形或球形，红色或紫褐色，无毛，有宿存直立萼片。花期5—6月，果期7—8月。多生长于海拔2000~3800米的山顶、山谷斜坡或向阳燥地。在我国分布于云南、四川、贵州、西藏。

西藏蔷薇
Rosa tibetica

蔷薇科 蔷薇属

　　小灌木；小枝稍弯曲，无毛，有成对或散生浅黄色直立皮刺，常混有针刺。小叶5~7片，连叶柄长约4厘米；小叶片长圆形，先端圆钝，基部近圆形或宽楔形，边缘有重锯齿，齿尖常带腺，上面深绿色，无毛，下面淡绿色，近无毛而有腺毛。花单生，有苞片，苞片卵形；花瓣白色，宽倒卵形，先端圆钝，基部楔形，比萼片稍长。果卵球形，光滑无毛，萼片直立宿存。生长于海拔3800~4000米的松杉林下或杨桦次生林下。分布于我国西藏。

小叶栒子
Cotoneaster microphyllus

蔷薇科 栒子属

　　常绿矮生灌木，高达1米；枝条开展，小枝圆柱形，红褐色至黑褐色，幼时具黄色柔毛，逐渐脱落。叶片厚革质，倒卵形至长圆倒卵形，上面无毛或具稀疏柔毛，下面被带灰白色短柔毛。花通常单生，稀2~3朵，花梗甚短；花瓣平展，近圆形，先端钝，白色。果实球形，红色，内常具2小核。花期5—6月，果期8—9月。普遍生长于海拔2500~4100米的多石山坡地、灌木丛中。在我国分布于四川、云南、西藏。

西藏草莓
Fragaria nubicola

蔷薇科 草莓属

　　多年生草本，高4~26厘米。纤匍枝细，花茎被紧贴白色绢状柔毛。叶为3片小叶，小叶具短柄或无柄，小叶片椭圆形或倒卵形，顶端圆钝，基部宽楔形或圆形，边缘有缺刻状急尖锯齿，上面绿色，伏生疏柔毛，下面淡绿色。花序有花1至数朵，花梗被白色紧贴绢状柔毛。聚合果卵球形，宿存萼片紧贴果实；瘦果卵珠形，光滑或有脉纹。花果期5—8月。生长于海拔2500~3900米的沟边林下、林缘及山坡草地。分布于我国西藏。

羽叶花
Acomastylis elata

蔷薇科 羽叶花属

　　多年生草本。花茎直立，被短柔毛。基生叶为间断羽状复叶，有小叶9~13对；叶柄被短柔毛或疏柔毛，稀脱落几无毛；小叶片半圆形，边缘有不规则圆钝锯齿并有睫毛，两面绿色；茎生叶退化呈苞叶状，长圆披针形，深裂。聚伞花序2~6朵花顶生；花梗被短柔毛；花瓣黄色，宽倒卵形，顶端微凹，比萼片长达1倍。瘦果长卵形，花柱宿存。花果期6—8月。生长于海拔3500~5400米的高山草地。分布于我国西藏。

印缅红果树
Stranvaesia nussia

蔷薇科 红果树属

　　乔木，高达5~9米；小枝圆柱形，幼时密被柔毛，逐渐脱落，近于无毛，老枝紫褐色。叶片倒披针形或倒卵状披针形，先端急尖，基部楔形，边缘有不整齐钝锯齿，下面沿叶脉被柔毛。复伞房花序，大型，密具多花；花直径约1厘米；萼筒钟状，外被柔毛；花瓣白色，长圆形，先端微凹，基部有短爪并被髯毛。果实扁球形，直径约8毫米，橘黄色，外被柔毛；萼片宿存，向内闭合。生长于海拔1000~2800米的杂木林中。分布于印度、尼泊尔、缅甸，在我国分布于西南各地。

扁核木
Prinsepia utilis

蔷薇科 扁核木属

　　灌木，高1~5米；老枝粗壮，灰绿色，小枝圆柱形，绿色或带灰绿色，有棱条，被褐色短柔毛或近于无毛；枝刺长可达3.5厘米，刺上生叶，近无毛。叶片长圆形或卵状披针形，全缘或有浅锯齿，两面均无毛。花多数成总状花序，长于叶腋或生长于枝刺顶端；花瓣白色，宽倒卵形，先端啮蚀状，基部有短爪。核果长圆形或倒卵长圆形，紫褐色或黑紫色，平滑无毛，被白。花期4—5月，果熟期8—9月。生长于海拔1000~2560米的山坡、荒地、山谷或路旁等处。在我国分布于云南、贵州、四川、西藏。

莓叶悬钩子
Rubus fragarioides

蔷薇科 悬钩子属

　　草本，高6~16厘米；茎细，木质，具柔毛。复叶具小叶5枚或3枚，小叶片倒卵形至近圆形，顶端急尖或圆钝，基部楔形，无毛，边缘常浅裂，具缺刻状或锐裂粗锯齿或重锯齿。花常单生长于枝顶；花枝和花梗具柔毛；花瓣倒卵圆形，白色，顶端急尖，约与萼片等长。果实仅由几个小核果组成，常具直立萼片；小核果较大，核微具皱纹。花期5—7月，果期7—9月。生长于海拔3000~4200米的高山上。分布很广。

矮地榆
Sanguisorba filiformis

蔷薇科 地榆属

多年生草本。根圆柱形，表面棕褐色。茎高8~35厘米，纤细，无毛。基生叶为羽状复叶，有小叶3~5对，叶柄光滑，小叶片有短柄稀几无柄，宽卵形或近圆形，边缘有圆钝锯齿，上面暗绿色，下面绿色，两面均无毛。花单性，雌雄同株，花序头状，几球形，周围为雄花，中央为雌花。果有4棱，成熟时萼片脱落。花果期6—9月。生长于海拔1200~4000米的山坡草地及沼泽。在我国分布于四川、云南、西藏。

大花婆婆纳
Veronica himalensis

玄参科　婆婆纳属

　　植株高40~60厘米。茎直立，不分枝或有时下部分枝，被柔毛。叶无柄，上部的叶多少抱茎，卵形至卵状披针形，基部宽楔形至圆钝，顶端钝、急尖至渐尖，边缘具尖锯齿，夹杂有重锯齿，两面疏被柔毛。总状花序2~4枝，侧生于茎近顶端叶腋，花疏离，花序各部分被多细胞柔毛；苞片宽条形，与花梗近等长；花冠蓝色或紫色，长1厘米，外被多细胞腺毛；雄蕊略短于花冠。花期6—7月。生长于海拔3400~4000米的高山草甸。在我国分布于西藏南部。

察隅婆婆纳
Veronica chayuensis

玄参科　婆婆纳属

　　多年生草本，植株高4~6厘米。茎直立或上升，生有两列多细胞白色柔毛。叶对生，茎下部的小而疏离，常鳞片状，茎上部的大而较密集，茎中部的叶具短柄，两端的叶近无柄，叶片圆形至卵圆形。花1~3朵簇生上部叶腋，茎顶端不再发育，因而好像花序顶生；花冠白色，筒部内面无毛，前方裂片倒卵状椭圆形。蒴果几乎扁平，倒心状肾形，两侧浑圆，上缘生腺质硬睫毛。种子多颗。花期8月。生长于海拔3500~4200米左右的山坡水边碎砾石堆、草丛中及林下。在我国分布于西藏（察隅、波密、聂拉木）和云南（贡山）。

曲茎马先蒿
Pedicularis flexuosa

玄参科 马先蒿属

　　根茎木质化，生有多数长5~12厘米的侧根。茎多数。叶与枝同为对生，有柄，基生者柄长达6厘米，茎生者仅1.5厘米，有毛；叶片卵状长圆形。花腋生有梗；萼圆筒状钟形，有长毛；花冠之管伸出，有微毛，长于萼2倍以上，盔略膨大，含有雄蕊的部分镰状弓曲转向前方，伸出为粗强、伸直而指向前下方的喙；雄蕊前方一对有毛。花期6—8月。生长于海拔2800~4000米林中及溪旁岩上腐殖土中。我国西藏南部（亚东）有之。

硕花马先蒿
Pedicularis megalantha

玄参科 马先蒿属

　　一年生草本，干时不变黑，直立，多中等高低，6~45厘米，草质。叶基出者常早枯，茎叶少数，上方者多变为苞片，无毛或背面脉上有毛，叶片线状长圆形，羽状深裂，缘有波状齿，面疏布细毛，背有细网脉，并疏生白色肤屑状物。花序显著离心，常占体高的大部分；苞片叶状而短，上方者常三角状卵形，仅有少数圆裂；花冠多为玫瑰红色，但多变，或深或浅。花期7—9月。生长于海拔2300~4200米的溪流旁湿润处与林中。在我国分布于西藏南部及昌都地区西南部。

柔毛马先蒿
Pedicularis mollis

玄参科 马先蒿属

　　相当高升，高达30~80厘米，有长柔毛。茎直立，分枝或不分枝，圆柱形，多叶。叶以3~5枚轮生，下部者有短柄；叶片羽状全裂，裂片10~15对，披针形，自身亦为羽状开裂。花序长穗状，下部常节节间断，近端处连续；花有短梗，有叶状苞片；萼长6毫米，为宽而短的钟形，多毛。花期7—9月。生长于河谷沙滩与多沙的小柳林下，人造林的林舍下；亦见于西藏帕里的多石砾的草原上，自成纯群落，因多风而很低矮。我国沿雅鲁藏布江河谷及喜马拉雅山麓均有之。

阿拉善马先蒿
Pedicularis alaschanica

玄参科 马先蒿属

　　多年生草本，高可达35厘米，但有时低矮，多茎。根粗壮而短。茎从根颈顶端发出，常多数，并在基部分枝。叶基出者早败，茎生者茂密；叶片披针状长圆形至卵状长圆形，两面均近于光滑。花序穗状，生长于茎枝之端，长短不一；花冠黄色，花管约与萼等长，在中上部稍稍向前膝屈。生长于河谷多石砾与沙的向阳山坡及湖边平川地。为我国特有，分布于青海、甘肃、内蒙古，也可能见于宁夏。

管花马先蒿

Pedicularis siphonantha

玄参科 马先蒿属

多年生草本，低矮或略升高。茎单出而亚直立，或有时多条而侧出者倾卧铺散。叶基生与茎生，均有长柄，两侧有明显的膜质之翅，无毛或有疏长毛；叶片披针状长圆形至线状长圆形。花全部腋生，在主茎上常直达基部而很密；花冠玫瑰红色，管长多变。蒴果卵状长圆形，端几伸直而锐头。生长于海拔3500~4500米的高山湿草地中。分布于东喜马拉雅，西起尼泊尔中部，东面的分布不详，我国西藏南部与尼泊尔交界区的珠穆朗玛峰向东至昌都地区南部均有之。

绒舌马先蒿
Pedicularis lachnoglossa

玄参科 马先蒿属

　　多年生草本，一般高20~30厘米。根颈略木质化而多少疏松，粗壮，粗如食指，最粗者径达20毫米，少分枝。叶多基生成丛，有长柄，基部多少变宽；叶片披针状线形，羽状全裂，中脉两侧略有翅。总状花序，花常有间歇；花冠紫红色，管圆筒状，上部稍稍扩大。蒴果黑色，长卵圆形，稍侧扁，端有刺尖，大部为宿萼所包；种子黄白色，有极细的网眼纹。花期6—7月；果期8月。生长于海拔2500~5335米的高山草原与疏云杉林中多石之处。自我国四川西部、云南东北部至东喜马拉雅，西藏昌都地区南部及亚东等处亦有之。

纤茎马先蒿
Pedicularis tenuicaulis

玄参科 马先蒿属

　　低矮或略升高，5~30厘米，无毛。根茎短，根须状，亦杂有变粗的块茎，或有时全部纺锤形而肉质。叶有柄，基生者成丛，茎生者成对，叶片卵状长圆形，羽状全裂。花腋生，有梗，下方者疏距，上方者密聚；花冠之管仅略长于萼。蒴果伸直，披针形，锐尖头，比萼长1倍；种子卵圆形，种皮黑色有细网纹。在我国分布于东喜马拉雅，我国西藏亚东春丕谷有之。

藏玄参
Oreosolen wattii

玄参科 藏玄参属

　　植株高不过5厘米，全体被粒状腺毛。根粗壮。叶生茎顶端，具极短而宽扁的叶柄，叶片大而厚，心形、扇形或卵形，边缘具不规则钝齿，网纹强烈凹陷。花萼裂片条状披针形，花冠黄色，上唇裂片卵圆形，下唇裂片倒卵圆形；雄蕊内藏至稍伸出。花期6月，果期8月。生长于海拔3000~5100米的高山草甸。在我国分布于西藏中部和青海南部。

胡黄连

Neopicrorhiza scrophulariiflora

玄参科　胡黄连属

植株高4~12厘米。根状茎直径达1厘米，上端密被老叶残余，节上有粗的须根。叶匙形至卵形，基部渐狭成短柄状，边具锯齿，偶有重锯齿。花葶生棕色腺毛，穗状花序长1~2厘米，花梗仅长2~3毫米；花冠深紫色，外面被短毛，上唇略向前弯作盔状，顶端微凹，下唇3裂片长约达上唇之半。花期7—8月，果期8—9月。生长于海拔3600~4400米的高山草地及石堆中。在我国分布于西藏南部（聂拉木以东地区）、云南西北部、四川西部。

大花小米草
Euphrasia jaeschkei

玄参科 小米草属

　　植株直立，高10~20厘米。茎不分枝或中下部分枝，第6~7节开始生花，被白色柔毛。叶、苞叶及花萼均同时被刚毛和顶端为头状的腺毛，腺毛的柄仅具1~2个细胞。叶卵圆形，齿稍钝至急尖。苞叶较大，齿急尖至短渐尖。花萼长7毫米，裂片钻状三角形；花冠淡紫色或粉白色，上唇裂片翻卷部分长达1.2毫米，下唇显长于上唇，中裂片宽达4毫米。蒴果未见。6月开花。生长于海拔3200~3400米的草地。在我国分布于西藏（吉隆）。

肉果草
Lancea tibetica

玄参科 肉果草属

　　多年生矮小草本，高约3~7厘米，最高不超过15厘米，除叶柄有毛外其余无毛。根状茎细长，横走或斜下，节上有一对膜质鳞片。叶6~10片，几成莲座状，倒卵形至倒卵状矩圆形或匙形，近革质，边全缘或有很不明显的疏齿，基部渐狭成有翅的短柄。花3~5朵簇生或伸长成总状花序；花冠深蓝色或紫色，喉部稍带黄色或紫色斑点。果实卵状球形，红色至深紫色；种子多数，矩圆形，棕黄色。花期5—7月，果期7—9月。生长于海拔2000~4500米的草地、疏林中或沟谷旁。在我国分布于西藏、青海、甘肃、四川、云南。印度也有。

五福花

Adoxa moschatellina

五福花科　五福花属

　　多年生矮小草本，高8~15厘米；根状茎横生，末端加粗；茎单一，纤细，无毛，有长匍匐枝。花序有限生长，5~7朵花成顶生聚伞形头状花序，无花柄。花黄绿色；花萼浅杯状，顶生花的花萼裂片2片，侧生花的花萼裂片3片。花期4—7月，果期7—8月。生长于海拔4000米以下的林下、林缘或草地。在我国分布于黑龙江、辽宁、河北、山西、新疆、青海、四川、云南。

糙伏毛点地梅
Androsace strigillosa

报春花科　点地梅属

多年生草本。莲座丛通常单生。叶有三型，外层叶卵状披针形或三角状披针形，干膜质，先端及边缘疏被毛；中层叶舌形或卵状披针形，草质，两面被白色柔毛，边缘具缘毛；内层叶大，绿色或灰绿色，椭圆状披针形或倒卵状披针形，两面密被多细胞糙伏毛和短柄腺体。伞形花序多花；花冠深红色或粉红色，裂片楔状阔倒卵圆形，近全缘。花期6月，果期8月。生长于海拔3000~4200米的山坡草地、林缘和灌丛中。在我国分布于西藏吉隆、加查、米林、林芝一带。

江孜点地梅
Androsace cuttingii

报春花科　点地梅属

多年生草本。莲座状叶丛生长于枝端，基部具多数历年残存的枯叶柄。叶3型，外层叶卵形至卵状披针形，褐色，干膜质，两面近于无毛；中层叶长圆状舌形至线状匙形，质地稍厚，背面上半部密被白色长毛，下半部褐色，无毛；内层叶倒披针形至倒卵状匙形，草质，两面密被短硬毛。伞形花序3~6 (10)朵花；苞片线形至线状匙形，先端锐尖或钝，被短柔毛和头状腺体。蒴果近球形，约与宿存花萼等长。花期4—6月。生长于海拔4000~4500米的干旱沙质山坡。在我国分布于西藏。

匍茎点地梅

Androsace sarmentosa

报春花科 点地梅属

多年生草本，植株常单生。莲座状叶丛直径3~5厘米，从中抽出花葶和2至数枚新根出条。叶两型，外层叶舌状长圆形或椭圆状倒披针形，两面被白色绢状长毛；内层叶倒披针形，毛被与外层叶相同，但常稍卷曲。花葶单一，带紫褐色，被铁锈色卷曲长柔毛；伞形花序通常多花；苞片线形或线状倒披针形，被绢状长毛和无柄腺体。蒴果球形，稍长于花萼。花期6—7月，果期7—8月。生长于海拔2800~4000米的山谷林缘。在我国分布于西藏聂拉木、吉隆等地。

昌都点地梅
Androsace bisulca

报春花科 点地梅属

    多年生草本，株形为不规则的半球形密丛。主根木质。当年生莲座状叶丛叠生于老叶丛上，无间距；叶呈不明显的两型，内层叶披针形至狭披针形或线形，全缘，背面中肋和边缘增厚，边缘被稀疏长柔毛；外层叶较小，上面近顶端具画笔状长柔毛。花葶细弱，疏被棉毛状长柔毛，顶端较密；伞形花序有花2~8朵；花冠白色或粉红色，喉部黄色，裂片倒卵状长圆形。花期5~6月，果期7~8月。生长于海拔3100~4200米的林缘和草甸。在我国分布于四川西部和西藏东部江达、昌都等地。

垫状点地梅
Androsace tapete

报春花科 点地梅属

    多年生草本。株形为半球形的坚实垫状体，由多数根出短枝紧密排列而成。当年生莲座状叶丛叠生于老叶丛上，通常无节间。叶两型，外层叶卵状披针形或卵状三角形，背部隆起，微具脊；内层叶线形或狭倒披针形。花单生，无梗或具极短的柄，包藏于叶丛中；苞片线形，膜质，有绿色细肋；花冠粉红色，裂片倒卵形，边缘微呈波状。花期6—7月。生长于海拔3500~5000米的砾石山坡、河谷阶地和平缓的山顶。在我国分布于新疆、甘肃、青海、四川、云南和西藏。

藓状雪灵芝

Arenaria bryophylla Fernald

石竹科 无心菜属

多年生垫状草本，高3~5厘米。叶片针状线形，基部较宽，膜质，抱茎，边缘狭膜质，疏生缘毛，稍内卷，顶端急尖，质稍硬，伸展或反卷，紧密排列于茎上。花单生，无梗；苞片披针形，基部较宽，边缘膜质，顶端尖，具1脉；花瓣5枚，白色，狭倒卵形，稍长于萼片；花盘碟状，具5个圆形腺体。花期6—7月。生长于海拔4200~5200米的河滩石砾沙地、高山草甸和高山碎石带。在我国分布于西藏和青海南部。

山居雪灵芝

Arenaria edgeworthiana

石竹科 无心菜属

多年生垫状草本。根粗壮，木质化。茎高4~8厘米，无毛，分枝密丛生，枝上密生叶。叶片钻状线形，基部较宽，膜质，呈鞘状，顶端具硬刺状尖，边缘增厚，具小的缘毛。花单生小枝顶端，无梗；花大，直径约1.8厘米；花瓣白色，宽倒卵形，基部具爪，顶端钝圆。蒴果卵圆形，短于宿存萼；种子倒卵状肾形。花期6—7月，果期7—8月。生长于海拔4200~5050米的高山草甸、草甸草原和河滩。在我国分布于西藏。

卷耳状石头花
Gypsophila cerastioides

石竹科 石头花属

多年生草本，高10~27厘米，全株被白色柔毛。茎密丛生，斜升。叶片倒卵状匙形，两面被短柔毛，边缘具缘毛，基生叶有长柄，茎生叶无柄。聚伞花序顶生，具5~20朵花；花密被白色柔毛；苞片卵形，叶状，具白色缘毛；花瓣蓝紫色或白色，具3条淡紫红色脉纹，倒卵状楔形。花期5—8月。生长于海拔2800~4000米山坡杂木林下、林间草地、田边路旁、水边和碎石带。在我国分布于西藏南部（错那、亚东、吉隆）和东部横断山地区（察瓦龙、察隅）。

冈底斯山蝇子草
Silene moorcroftiana

石竹科 蝇子草属

多年生草本，高15~25厘米，全株被短腺毛。茎丛生，直立，不分枝。叶片线形、披针形或匙状披针形，两面被腺毛，边缘具缘毛，中脉明显。花单生或2~3朵；花梗长10~25毫米；花萼长筒状棒形，基部微脐状，紫色，脉端连合，具缘毛；花瓣淡红色或白色，爪不外露，狭楔形，无缘毛，耳近三角形，瓣片轮廓倒卵形，裂片狭卵形；副花冠片小，卵形。蒴果卵形；种子肾形。花期7月，果期8月。生长于海拔3900~4950米的多砾石草地或岩壁缝隙中。在我国分布于西藏西部。

无毛漆姑草
Sagina saginoides

石竹科 漆姑草属

　　多年生草本，高达7厘米。茎密丛生，无毛。叶片狭线形或锥状，无毛。花单生茎顶，花后常下垂。蒴果锥状卵圆形，有光泽，5瓣裂；种子肾状三角形，脊具槽，表面具尖瘤状突起。花期5—7月，果期7—8月。生长于海拔1440米以下的石质山坡上、沼泽草甸或灌丛中。在我国分布于内蒙古、新疆、四川（峨眉山）、云南（德钦，贡山）、西藏（错那，波密，吉隆）。

有棱小檗
Berberis angulosa

小檗科 小檗属

　　落叶灌木，高0.5~2米。叶纸质，倒卵形，先端钝形或急尖，基部楔形，上面亮深黄绿色，背面淡黄绿色有光泽，两面叶脉不显，无毛，叶缘平展，有时被微毛，全缘。花单生；黄色；花梗长3~5毫米，下垂，被短柔毛；小苞片卵形、先端渐尖；萼片2轮，外萼片椭圆形、内萼片倒卵形；花瓣倒卵形，先端近全缘，基部缢缩呈爪，具2枚分离的长圆形腺体。花期5—6月，果期7—8月。生长于海拔3500~4500米的疏林、灌丛中或灌丛草地。在我国分布于西藏、青海。

黄皮小檗
Berberis xanthophlaea

小檗科 小檗属

　　落叶灌木，高1~2米，可达3米。叶纸质，倒卵形或倒披针形，先端钝形或圆形，基部楔形，上面绿色，背面初时灰色，微被白粉，后为亮淡绿色，不被白粉，两面中脉和侧脉显著。圆锥花序具10~45朵花；花序轴有时具叶状苞片；花黄色；萼片2轮，外萼片椭圆形，内萼片椭圆状倒卵形；花瓣倒卵形，先端缺裂，基部明显缢缩呈爪，具2枚稍分离的腺体。花期6—7月，果期8—10月。生长于海拔2800~4000米的林下、林缘、灌丛中、沟边或河谷阶地。在我国分布于西藏。

长刺小檗
Berberis longispina

小檗科 小檗属

　　落叶灌木，高70~80厘米。枝紫红色，具槽，无疣点；茎刺五分叉，淡褐色，腹面明显具槽。叶小，纸质，长圆状倒卵形，上面暗绿色，无毛，背面淡黄绿色，不被白粉，两面叶脉不显。花单生；花黄色；萼片2轮；花瓣倒卵形，先端缺裂，基部具2枚分离腺体。浆果球形，红色，顶端无宿存花柱，不被白粉。花期5月，果期6—8月。生长于海拔4045米的阴坡泉水边。在我国分布于西藏。

长苞荆芥
Nepeta longibracteata

唇形科 荆芥属

多年生植物，根木质，多节，在上部分枝而成短的根茎，向下纵向分裂成粗糙的纤维。茎高8~12厘米，柔弱，披散在地上。在茎枝下部2~3节上的叶褐色，鳞片状，线状披针形，无柄，其余的茎生叶具长柄，倒卵状楔形、卵状菱形或卵形。头状花序下的叶与茎生叶相似；轮伞花序的苞叶在下面的楔形，染有艳色或有时为绿色，其余的苞片状。花序通常球形，稀略长。花冠蓝青色，外面微被短柔毛。花期7~8月。生长于海拔5500米的高山流动乱石堆上。在我国分布于新疆南部、西藏西部。

深红火把花
Colquhounia coccinea

唇形科 火把花属

　　灌木，通常高1~2米，偶有达3米，直立或多少外倾。枝钝四棱形，密被锈色星状毛。叶卵圆形或卵状披针形，边缘有小圆齿，坚纸质。轮伞花序6~20朵花，常在侧枝上多数组成侧生簇状、头状至总状花序。花冠橙红色至朱红色，外面疏被星状毛，内面无毛。小坚果倒披针形，背腹压扁，一面膨起，先端具鸡冠状的膜质翅。花期8—11月，果期11月—翌年1月。生长于海拔1450~3000米的多石草坡及灌丛中，在密林中少见。在我国分布于云南西部至中部、西藏东南部。

绵参
Eriophyton wallichii

唇形科 绵参属

　　多年生草本。茎直立，高10~20厘米，不分枝，钝四棱形。叶变异很大，茎下部叶细小，苞片状，通常无色，无毛；茎上部叶大，两两交互对生，菱形或圆形。花冠淡紫色或粉红色，冠筒略下弯，长约为花冠长之半，冠檐二唇形。花期7—9月，果期9—10月。生长于海拔3400（2700）~4700米的高山强度风化坍积形成的乱石堆中。在我国分布于云南西北部、四川西部、青海及西藏。

褪色扭连钱
Phyllophyton decolorans

唇形科 扭连钱属

　　多年生草本，根茎木质，褐紫色，逐节分枝。茎上升或近匍匐状，多分枝，四棱形，被白色绢状长柔毛及细小的腺点，下部常带紫色，被微柔毛。叶通常密集于茎上部，呈紧密的覆瓦状排列，叶片坚纸质，圆形或肾形，边缘具圆齿及缘毛，上面被浓密的白色绢状长柔毛，下面叶脉隆起，沿脉被平展的白色长柔毛，余部被淡黄色透明腺点。聚伞花序2~3朵花，具梗，花梗具长柔毛；苞叶与茎叶同形。花冠淡黄色或蓝色，外面被微柔毛，内面仅下唇（倒扭后变上唇）近喉部具柔毛，冠筒管状，向上部膨大。花期约7月，果期8—9月。生长于海拔4800~5000米的高山沙石山坡上或谷地。在我国，分布于西藏中部和南部（拉萨附近及定结）。

西藏扭藿香
Lophanthus tibeticus

唇形科 扭藿香属

　　草本，高约0.5米。茎四棱形，少分枝，被腺毛或短柔毛。叶无柄，交互对生，卵圆形，先端圆形或钝，具不规则缺刻状齿裂，近革质或草质，脉网在两面明显。聚伞花序具梗，腋生，长与叶相等或稍短，密被腺毛。苞片线形或披针状线形，密被腺毛。花萼管状钟形，具15脉，二唇形，萼齿具明显的侧脉，先端急尖，具短尖头。花冠淡紫色，外被疏短柔毛，倒扭90度。花期9月。生长于河滩石隙，海拔4400米。在我国分布于西藏南部。

藏黄芩
Scutellaria tibetica

唇形科 黄芩属

矮小多年生草本。根茎匍匐，木质，顶端多分枝。茎多数，钝四棱形，常带紫色，被白色短柔毛。叶片近圆形或卵圆状圆形，边缘具整齐的圆齿，上面灰绿色，下面多少带紫色，两面密被白色短柔毛。花腋生；花梗短，被短柔毛，约在中部具成对的针状小苞片。花冠粉红色，外密被黄色短柔毛；冠筒细长，近直伸。成熟小坚果未见。花期7月。生长于海拔4580米的洪积扇上，多碎石沙土中。在我国分布于西藏南部。

鼬瓣花
Galeopsis bifida

唇形科 鼬瓣花属

草本。茎直立，通常高20~60厘米，有时可达1米，多少分枝，粗壮，钝四棱形，具槽，在节上加粗但在干时则明显收缢，此处密被多节长刚毛，节间其余部分混生向下具节长刚毛及贴生的短柔毛。茎叶卵圆状披针形或披针形，边缘有规则的圆齿状锯齿，上面贴生具节刚毛，下面疏生微柔毛。轮伞花序腋生，多花密集。花冠白色、黄色或粉紫红色，冠筒漏斗状，喉部增大。花期7—9月，果期9月。生长于林缘、路旁、田边、灌丛、草地等空旷处，在我国西南山区，可生长至海拔4000米。在我国分布于黑龙江、吉林、内蒙古、山西、陕西、甘肃、青海、湖北西部、四川西部、贵州西北部、云南西北部及东北部、西藏等地。

锡金鼠尾草
Salvia sikkimensis

唇形科 鼠尾草属

多年生草本；根茎肥大，粗短，顶端覆盖有褐色鳞片，鳞片长圆形或卵圆形。茎1~2枝，直立或上升，具四棱及四槽，被长柔毛，不分枝。叶片卵圆形，边缘具重圆齿，齿尖具短小尖头，近膜质。轮伞花序具2~6朵花，组成长6~15厘米顶生总状花序，或此花序下部具二分枝因而组成总状圆锥花序。花冠黄白色或浅粉色有紫点，外被稀疏的疏柔毛，上唇尤为密集。成熟小坚果未见。花期8月。生长于海拔约3350米的林内、林边草丛、山坡碎石处及溪旁低湿处。在我国分布于西藏。

亚东糙苏
Phlomis setigera

唇形科 糙苏属

多年生草本。茎直立，粗壮，四棱形，被向下的糙硬毛。茎生叶宽卵圆形或卵圆状披针形，边缘具粗大的锯齿，纸质，上面密被贴伏的短硬毛，下面沿脉网被中枝特长的星状短柔毛，余部无毛。轮伞花序多花密集；花冠紫红色，外面在冠筒上部及冠檐被绢状柔毛，内面具毛环，冠檐二唇形。生长于海拔3800米的山坡草丛中。在我国分布于西藏亚东（春丕）。

西藏糙苏
Phlomis tibetica

唇形科 糙苏属

　　多年生草本。茎高18~52厘米，四棱形，密被糙短硬毛或疏微柔毛。基生叶卵状心形，边缘为圆齿状或粗圆齿状，茎生叶同形。轮伞花序多花，1~3个生长于茎端，靠近或分开。花冠紫色，外面在冠檐上密被星状短绒毛，冠筒被向下的疏柔毛或近无毛，内面在冠筒有斜向间断的毛环，冠檐二唇形。小坚果无毛。花期7月。生长于海拔3900~4500米开旷高山草甸、溪边或林内草丛中。在我国分布于西藏南部。

毛槲蕨
Drynaria mollis

槲蕨科 槲蕨属

　　通常附生于树干上，螺旋状攀缘，偶有附生岩石上，匍匐伸长。根状茎横走，密被鳞片；鳞片一色，蓬松，卷曲，边缘有重齿，顶端长渐尖。叶片椭圆形，羽状深裂，裂片15~18对，全部裂片宽度相等。孢子囊群圆形，直径1~2毫米，叶下面全部分布，在下部裂片多生于裂片中部或中下部，在裂片中肋两侧排成通直的一行。孢子囊上无腺毛，环带加厚细胞13~14个。孢子黄绿色，肾形，表面有刺状突起。生长于海拔2700~3400米栋林中的石灰岩石山坡上，或在针阔叶混交林中，附生树上。在我国分布于西藏、云南西北部。

多鳞鳞毛蕨
Dryopteris barbigera

鳞毛蕨科 鳞毛蕨属

　　根状茎丛生，连同叶柄基部密被红棕色、卵圆披针形鳞片。叶簇生；叶柄密被同样鳞片及棕色纤维状鳞毛；叶片卵圆或长圆披针形，钝尖头，基部不狭缩，三回羽状深裂。叶干后黄绿色，叶脉两面明显，叶轴、羽轴及小羽轴均密被棕色纤维状鳞毛和狭披针形鳞片。孢子囊群生于小羽轴两侧，每裂片一个，囊群盖圆肾形，红棕色，常早落。生长于海拔3600~4700米的山坡灌丛草地。在我国分布于青海、四川、云南。

黑足金粉蕨
Onychium cryptogrammoides

中国蕨科 金粉蕨属

　　植株高50~90厘米。根状茎横走，疏被深棕色披针形鳞片。叶近生或远生，1型，偶有近2型，柄基部黑色，略有鳞片，向上为禾秆色，光滑；叶片阔卵形至卵状披针形，渐尖头，五回羽状细裂；羽片10~14对，基部一对最大，卵状三角形，渐尖头，柄长约1厘米，四回羽状细裂；各回小羽片均为上先出，有柄。叶干后薄纸质，褐绿色，两面无毛。孢子囊群生小脉顶端的连接脉上；囊群盖阔达主脉，灰白色，全缘。常成片丛生长于海拔1200~3500米的山谷、沟旁或疏林下。在我国分布于四川、贵州、云南西北部、西藏南部、甘肃南部、台湾。

乌奴龙胆
Gentiana urnula

龙胆科 龙胆属

　　多年生草本，高4~6厘米，具发达的匍匐茎。须根多数，略肉质，淡黄色。叶密集，覆瓦状排列，基部为黑褐色残叶，中部为黄褐色枯叶，上部为绿色或带淡紫色的新鲜叶，扇状截形。花单生，稀2~3朵簇生枝顶。基部包围于上部叶丛中；无花梗；花萼筒膜质，裂片绿色或紫红色，叶状；花冠淡紫红色或淡蓝紫色，具深蓝灰色条纹，壶形或钟形。花果期8—10月。生长于海拔3900~5700米的高山砾石带、高山草甸、沙石山坡。在我国分布于西藏、青海西南部。

多茎獐牙菜
Swertia multicaulis

龙胆科 獐牙菜属

　　多年生草本，高8~12厘米。根肉质，粗壮。茎多数，丛生，近等长，细瘦，状如总花梗，上部聚伞状分枝。叶大部分基生，莲座状，匙形或矩圆状匙形，边缘微粗糙，基部渐狭成柄，叶脉3~7条，弧形，较明显；茎生叶极少，苞叶状。聚伞状花序生分枝顶端，具1~3（4）朵花；花梗长2~4.5厘米，不等长；花4数；花冠蓝紫色，裂片矩圆形。蒴果披针形，长约1.5厘米；种子褐色，近球形，表面平滑。花果期6—9月。生长于海拔3600~4350米的高山草地。在我国分布于西藏南部、云南。

轮叶獐牙菜
Swertia verticillifolia

龙胆科 獐牙菜属

多年生草本，高80~100厘米。茎直立，中空，具细条棱，常带紫色。基生叶多数，莲座状，叶片匙形；茎生叶4~6个轮生，叶片椭圆形或椭圆状卵形。塔形复聚伞状花序似轮伞状，多花，花序分枝长达23厘米，紫红色；花梗常带紫色，不等长，具细条棱；花4数，下垂；花冠黄绿色，有深紫色脉纹，钟状，有不明显的、不规则的细波状齿。蒴果无柄，卵形；种子深褐色，矩圆形，两端具狭翅。花果期7—9月。生长于海拔3800~4200米的灌丛中。在我国分布于我国西藏（错那，模式标本产地）。

槽茎凤仙花
Impatiens sulcata

凤仙花科 凤仙花属

一年生草本，高60~120厘米。茎直立，粗壮，圆柱形，具明显的槽沟，不分枝或上部有分枝。叶对生或上部轮生，椭圆状卵形或卵状披针形，顶端渐尖或长渐尖，基部楔形或近圆形，边缘具圆齿状锯齿；叶柄基部有红色或紫红色具柄腺体。花较大，多数排成近伞房状总状花序；花梗上端膨大，基部有披针形或卵状披针形的苞片，粉红色或紫红色。花果期8—9月。生长于海拔3000~4000米的冷杉林下或水沟边、潮湿处。在我国分布于西藏（聂拉木、亚东的帕里）。

双角凤仙花
Impatiens bicornuta

凤仙花科　凤仙花属

　　一年生高大草本，高达1米。茎粗壮，肉质，无毛，有分枝。叶膜质互生，上部密集，具柄，椭圆形或椭圆状披针形，顶端尾状渐尖，基部楔形，边缘有粗圆齿，基部有小刚毛。总花梗直立，密集于茎上部叶腋，花多数，排成中断的总状花序。花淡蓝紫色；侧生萼片2枚，小，斜卵形，顶端具芒状腺体。蒴果圆柱形，顶端喙尖。种子8~9个，近圆柱状，有光泽。花期6—8月。生长于海拔2400~2800米的水边草地或阔叶林和铁杉林下。在我国分布于西藏（聂拉木、亚东）。

糙毛凤仙花
Impatiens scabrida

凤仙花科　凤仙花属

　　一年生草本，高30~50厘米，稀更高。茎直立，多分枝，绿色或下部带紫色，被柔毛或下部近无毛。叶互生，无柄或近无柄，卵形或卵状披针形，边缘具锐锯齿，齿端具腺，侧脉7~9对，上面被疏短糙毛，下面被柔毛。总花梗短，单生长于叶腋，具1~3朵花。花金黄色，具紫红色斑点。蒴果线形，无毛或被疏毛，顶端喙尖。花期7—9月。生长于河边灌丛或林下阴湿处。在我国分布于西藏（亚东）。

森科溪河凤仙花
Impatiens sunkoshiensis

凤仙花科　凤仙花属

　　直立草本，50~70（100）厘米高。茎无毛，具有稀疏而短的腺体。叶互生，或多或少聚集在茎的顶端部分，叶柄无毛，7~18毫米长，叶片宽披针形或狭卵形，长6~8厘米，宽2.4~2.8厘米，先端渐尖，基部长渐狭，边缘具微圆齿，近无毛。总状花序腋生，主要聚集在茎的顶部，花序具4~7朵花。花梗无毛，长约10毫米，基部具苞片。苞片卵形或宽披针形，长3~4毫米，宽1.5~2毫米。花长1.5~1.8厘米，深1.5~2厘米。侧生萼片2枚，长圆形，长约4毫米。下萼片浅粉红色，舟形，长6~8毫米，深2.5~3毫米（不包括距），突然缩成直距；距在远端向下弯曲，总长8~10毫米。旗瓣浅紫色，兜状，长约6毫米，压扁时宽约7毫米，先端圆形，无附属物。联合下瓣片粉红色，长约20毫米，上裂片圆形、矩形，长约6毫米，宽约5毫米，下裂片钝三角形或狭卵形或半圆形，长约14毫米，宽约6毫米，先端锐尖。雄蕊5枚，花药没有附属物。果长约2厘米，线形，无毛。

　　注：森科溪河凤仙花为之前发现过的新记录，此次考察再次记录到。

天山鸢尾
Iris loczyi

鸢尾科 鸢尾属

多年生密丛草本，折断的老叶叶鞘宿存于根状茎上，棕色或棕褐色。叶质地坚韧，直立，狭条形，顶端渐尖，基部鞘状。花茎较短，不伸出或略伸出地面，基部常包有披针形膜质的鞘状叶；苞片3枚，草质，中脉明显，顶端渐尖，内包含有1~2朵花；花蓝紫色；花被管甚长，丝状，外花被裂片倒披针形或狭倒卵形，爪部略宽，内花被裂片倒披针形。花期5—6月，果期7—9月。生长于海拔2000米以上的高山向阳草地。在我国分布于内蒙古、甘肃、宁夏、青海、新疆、四川、西藏。

高原鸢尾
Iris collettii

鸢尾科　鸢尾属

　　多年生草本，植株基部围有棕褐色毛发状的老叶残留纤维。根状茎短，节不明显；根膨大略呈纺锤形，棕褐色，肉质。叶基生，灰绿色，条形或剑形。花茎很短，不伸出地面，基部围有数枚膜质的鞘状叶；花深蓝色或蓝紫色；花被管细长，上部逐渐扩大成喇叭形，外花被裂片椭圆状倒卵形。蒴果绿色，三棱状卵形，顶端有短喙，成熟时自上而下开裂至1/3处；种子长圆形，黑褐色，无光泽，无附属物。花期5—6月，果期7—8月。生长于海拔1650~3500米高山草地及山坡向阳的干燥草地。在我国分布于四川、云南、西藏。

棘枝忍冬
Lonicera spinosa

忍冬科　忍冬属

　　落叶矮灌木，高达0.6米，常具坚硬、刺状、无叶的小枝；当年小枝被肉眼难见的微糙毛。花生于短枝上叶腋，总花梗极短；苞片叶状，条形至条状矩圆形，长常超过萼齿；杯状小苞顶端近截形，常浅2裂，长为萼筒的1/2以上；花冠初时淡紫红色，后变白色，筒状漏斗形，筒细，长约9毫米。花期6—7月。生长于海拔3700~4600米的冰碛丘陵灌丛中或石砾堆上，常与锦鸡儿属（Garagana）植物混生。在我国分布于西藏西南部和西北部。

血满草
Sambucus adnata

忍冬科 接骨木属

多年生高大草本或半灌木，高1~2米；根和根茎红色，折断后流出红色汁液。茎草质，具明显的棱条。羽状复叶具叶片状或条形的托叶；小叶3~5对，长椭圆形、长卵形或披针形，边缘有锯齿，上面疏被短柔毛。聚伞花序顶生，伞形，具总花梗，分枝3~5出，成锐角，初时密被黄色短柔毛；花小，有恶臭；萼被短柔毛；花冠白色。花期5—7月，果期9—10月。生长于海拔1600~3600米的林下、沟边、灌丛中、山谷斜坡湿地以及高山草地等处。在我国分布于陕西、宁夏、甘肃、青海、四川、贵州、云南和西藏等地。

穿心莛子藨
Triosteum himalayanum

忍冬科 莛子藨属

多年生草木；茎高40~60厘米，稀开花时顶端有一对分枝，密生刺刚毛和腺毛。叶通常全株9~10对，基部连合，倒卵状椭圆形至倒卵状矩圆形，顶端急尖或锐尖，上面被长刚毛，下面脉上毛较密，并夹杂腺毛。聚伞花序2~5轮在茎顶或有时在分枝上作穗状花序状；花冠黄绿色，筒内紫褐色外有腺毛，筒基部弯曲，一侧膨大成囊。果实红色，近圆形，冠以由宿存萼齿和缢缩的萼筒组成的短喙，被刚毛和腺毛。生长于海拔1800~4100米的山坡、暗针叶林边、林下、沟边或草地。在我国分布于陕西、湖北、四川、云南和西藏。

重齿泡花树
Meliosma dilleniifolia

清风藤科　泡花树属

　　乔木高达8米，直径达30厘米；小枝褐色，残留有柔毛。叶纸质，倒卵形或倒卵状椭圆形，先端尖或渐尖，基部楔形，边缘具锐尖头的重锯齿，叶面被细柔毛，叶背被弯曲长柔毛。圆锥花序直立，具3（4）次分枝，主轴及分枝具棱，被褐色展开柔毛，侧枝几垂直于主轴。花直径约2毫米，外面3片花瓣白色，扁圆形，内面2片花瓣，长约1毫米，深裂达中部，裂片尖，无缘毛。花期6—7月，果期9—10月。生长于海拔2000~3300米的山谷、丛林，常与铁杉属及常绿壳斗科树种混交成林。在我国分布于西藏东南部喜马拉雅山坡。

青海刺参
Morina kokonorica

川续断科　刺续断属

　　多年生草本，高30~50厘米；茎单一，稀具2或3分枝，下部具明显的沟槽，光滑，上部被绒毛，基部多有残存的褐色纤维状残叶。基生叶5~6枚，簇生，坚硬，线状披针形，先端渐尖，基部渐狭成柄，边缘具深波状齿，齿裂片近三角形，裂至近中脉处，边缘有3~7硬刺，中脉明显，两面光滑；茎生叶似基生叶，长披针形，常4叶轮生，2~3轮，向上渐小，基部抱茎。轮伞花序顶生，6~8节，紧密穗状，花后各轮疏离，每轮有总苞片4片；花冠二唇形，5裂，淡绿色，外面被毛，较花萼为短。花期6—8月，果期8—9月。生长于海拔3000~4500米的沙石质山坡、山谷草地和河滩上。在我国分布于甘肃南部、青海、四川西北部和西藏东部及中部。

刺续断

Morina nepalensis

川续断科　刺续断属

　　多年生草本。基生叶线状披针形，先端渐尖，基部渐狭，边缘有疏刺毛，两面光滑，叶脉明显；茎生叶对生，2~4对，长圆状卵形至披针形，向上渐小，边缘具刺毛。花茎从基生叶旁生出。假头状花序顶生，含10朵花以上，有时达20朵花，枝下部近顶处的叶腋中间有少数花存在；花萼筒状，下部绿色，上部边缘紫色，或全部紫色；花冠红色或紫色，花冠管外弯，被长柔毛，裂片5片，倒心形，先端凹陷。果柱形，蓝褐色，被短毛，具皱纹，顶端斜截形。花期6—8月，果期7—9月。生长于海拔3200~4000米的山坡草地。在我国分布于西藏东部及中部、四川西部、云南西北部。

杉叶藻

Myriophyllum spicatum

杉叶藻科　杉叶藻属

多年生沉水草本。根状茎发达，在水底泥中蔓延，节部生根。茎圆柱形，分枝极多。叶常5片轮生（或4~6片轮生，或3~4片轮生），丝状全细裂；叶柄极短或不存在。花两性，单性或杂性，雌雄同株，单生于苞片状叶腋内，常4朵轮生，由多数花排成近裸颓的顶生或腋生的穗状花序，生于水面上。花朵从春到秋陆续开放，4—9月陆续结果。在我国分布于南北各地池塘、河沟、沼泽中，特别是在含钙的水域中更较常见。夏季生长旺盛，可做养猪、养鱼、养鸭的饲料。

三叶地锦

Parthenocissus semicordata

葡萄科　地锦属

　　木质藤本。小枝圆柱形,嫩时被疏柔毛,以后脱落几无毛。卷须总状4~6分枝,相隔2节间断与叶对生,顶端嫩时尖细卷曲,后遇附着物扩大成吸盘。叶为3小叶,着生在短枝上,中央小叶倒卵椭圆形或倒卵圆形,顶端骤尾尖,基部楔形,边缘中部以上每侧有6~11个锯齿。多歧聚伞花序着生在短枝上,花序基部分枝,主轴不明显;花梗长2~3毫米,无毛;萼碟形,边缘全缘,无毛;花瓣5枚,卵椭圆形,无毛。花期5—7月,果期9—10月。生长于海拔500~3800米的山坡林中或灌丛。在我国分布于甘肃、陕西、湖北、四川、贵州、云南、西藏。

羽叶参
Pentapanax fragrans

五加科 五叶参属

　　常绿乔木或蔓生状灌木，高5~15米；树皮灰色，有裂纹。叶有小叶3~5片，稀见7片；叶柄无毛或有稀疏短柔毛，有时在顶端更密；小叶片纸质至薄革质，椭圆状卵形，先端渐尖，基部圆形，无毛或下面沿脉有短柔毛，边缘有刺状锯齿。伞房状圆锥花序顶生；8~12分枝，在主轴上伞房状排列，有短柔毛；伞形花序有花多数；花白色；花瓣5枚，长约2毫米，通常合生成帽状体，早落。花期7~8月，果期9—10月。生长于海拔2000~3600米的森林中。在我国，分布于西藏、四川和云南。本种为民间草药，茎、根皮治风湿关节痛。

常春藤
Hedera nepalensis var. sinensis

五加科 常春藤属

　　常绿攀缘灌木；茎长3~20米，灰棕色或黑棕色，有气生根；一年生枝疏生锈色鳞片，鳞片通常有10~20条辐射肋。叶片革质，在不育枝上通常为三角状卵形或三角状长圆形，稀三角形或箭形，花枝上的叶片通常为椭圆状卵形至椭圆状披针形。伞形花序单个顶生，或2~7个总状排列或伞房状排列成圆锥花序；花淡黄白色或淡绿白色，芳香。果实球形，红色或黄色。花期9—11月，果期次年3—5月。垂直分布海拔自数十米起至3500米，常攀缘于林缘树木、林下路旁、岩石和房屋墙壁上，庭园中也常栽培。在我国分布地区广，北自甘肃东南部、陕西南部、河南、山东，南至广东、江西、福建，西自西藏波密，东至江苏、浙江的广大区域内均有生长。

野漆

Toxicodendron succedaneum

漆树科 漆属

  落叶乔木或小乔木，高达10米；小枝粗壮，无毛，顶芽大，紫褐色，外面近无毛。奇数羽状复叶互生，常集生小枝于顶端；小叶对生或近对生，坚纸质至薄革质，长圆状椭圆形、阔披针形或卵状披针形，叶背常具白粉；花黄绿色，径约2毫米；花瓣长圆形，先端钝，中部具不明显的羽状脉或近无脉，开花时外卷。核果大，先端偏离中心；外果皮薄，淡黄色，无毛；中果皮厚，蜡质，白色。生长于海拔300（150）~1500（2500）米的林中。在我国，华北至长江以南各省区均产。

高原荨麻

Urtica hyperborea

荨麻科 荨麻属

多年生草本，丛生，具木质化的粗地下茎。茎高10~50厘米，下部圆柱状，上部稍四棱形，具稍密的刺毛和稀疏的微柔毛，在下部分枝或不分枝。叶卵形或心形，先端短渐尖或锐尖，边缘有6~11枚牙齿，叶脉在上面凹陷，在下面明显隆起。花雌雄同株（雄花序生下部叶腋）或异株；花序短穗状，稀近簇生状。瘦果长圆状卵形，熟时苍白色或灰白色，光滑。花期6—7月，果期8—9月。生长于海拔4200~5200米的高山石砾地、岩缝或山坡草地。在我国分布于新疆（昆仑山）、西藏南部至北部、四川西北部、甘肃南部和青海。

高山象牙参

Roscoea alpina

姜科 象牙参属

　　株高10~20厘米；根簇生，粗厚。茎基部通常有2枚薄膜质的鞘。叶片通常仅2~3枚，开花时，常未全部张开，长圆状披针形或线状披针形，顶端渐尖，基部近圆形，两面均无毛、无柄。花单朵顶生，紫色，无柄；花冠管甚较萼管为长，纤细，后方的1枚花冠裂片圆形。花期6—8月。生长于海拔高达3000米的松林或杂木林下。在我国分布于云南、四川、西藏。

篦齿槭
Acer pectinatum

槭树科 槭属

　　落叶乔木，高5~8米，树皮深褐色，平滑。小枝淡紫色或淡紫绿色，无毛，微呈棱角状。叶纸质，轮廓近于圆形，基部心脏形或深心脏形，边缘有锐尖的细锯齿，上面深绿色、无毛，侧脉8~9对，在两面均仅微显著，小叶脉不显著；叶柄淡紫红色，无毛。总状花序，淡紫色、无毛。花单性、异株。翅果嫩时淡紫红色，后变淡黄色，小坚果微扁平，翅镰刀形。花期4月下旬，果期9月。生长于海拔2900~3700米的山坡林中。在我国分布于西藏南部及云南西北部。

糙皮桦
Betula utilis

桦木科 桦木属

　　乔木，高可达33米；树皮暗红褐色，呈薄片剥裂；枝条红褐色，无毛，有或无腺体；小枝褐色，密被树脂腺体和短柔毛，较少无腺体无毛。叶厚纸质，卵形、长卵形至椭圆形或矩圆形。果序全部单生或单生兼有2~4枚排成总状，直立或斜展，圆柱形或矩圆状圆柱形。小坚果倒卵形，上部疏被短柔毛，膜质翅与果近等宽。生长于海拔1700~3100米的山坡林中。在我国分布于西藏、云南、四川西部、陕西、甘肃、青海、河南、河北、山西。

长根老鹳草

Geranium donianum

牻牛儿苗科 老鹳草属

多年生草本，高10~30厘米。根茎粗壮，具分枝的稍肥厚的圆锥状根。茎直立或基部仰卧，或短缩不明显，被倒向短柔毛，上部通常被开展或稍倒向的糙柔毛。叶对生；托叶披针形，外被短柔毛。花序基生、腋生或顶生，明显长于叶，被倒向短柔毛；花瓣紫红色，倒卵形，长为萼片的2倍。花期7—8月，果期8—9月。生长于海拔3000~4500米的高山草甸、灌丛和高山林缘。分布于西藏、云南、四川西部、甘肃南部和青海东南部。

吉隆老鹳草

Geranium lamberti

牻牛儿苗科　老鹳草属

多年生草本，高约40厘米。根茎短粗，近木质化，具细长纺锤形根。茎直立或基部仰卧，具棱角，被倒向短柔毛和稀疏开展的腺毛。叶基生和茎上对生；托叶宽披针形；叶片五角状，基部心形。总花梗腋生和顶生，长于叶，被倒向短柔毛和开展腺毛，每梗具2花；花瓣白色或基部带红色，几成辐射状开展，倒卵形，密被短柔毛。花期7月。生长于海拔3000米左右的山地灌丛。在我国分布于西藏（吉隆）。

宽托叶老鹳草
Geranium wallichianum

牻牛儿苗科 老鹳草属

　　多年生草本，高40~60厘米。根茎短粗，近木质化，具多数圆锥状粗根。茎多数，直立或基部仰卧。叶基生和茎上对生；叶片三角形，3~5深裂，裂片菱状卵形，下部楔形、全缘，上部羽状齿裂或缺刻状。总花梗腋生和顶生，长于叶，被开展的透明长腺毛；花瓣紫红色，倒卵形，长为萼片的2倍，先端截平或微凹，基部楔形，边缘被缘毛，脉纹深紫色。蒴果长2.5厘米，被短柔毛，下垂。花期6—7月，果期8—9月。生长于海拔3200~3400米的山地阔叶林下。在我国分布于西藏（吉隆、聂拉木）。

素方花
Jasminum officinale var. officinale

木犀科 素馨属

　　攀缘灌木，高0.4~5米。小枝具棱或沟，无毛，稀被微柔毛。叶对生，羽状深裂或羽状复叶，有小叶3~9枚，通常5~7枚，小枝基部常有不裂的单叶。聚伞花序伞状或近伞状，顶生，稀腋生，有花1~10朵；花冠白色，或外面红色，内面白色，裂片常5枚，狭卵形、卵形或长圆形。果球形或椭圆形，成熟时由暗红色变为紫色。花期5—8月，果期9月。生长于海拔1800~3800米的山谷、沟地、灌丛中或林中，或高山草地。在我国分布于四川、贵州西南部、云南、西藏。

高山野丁香
Leptodermis forrestii

茜草科 野丁香属

    灌木，高0.6~1.2米，多分枝；老枝灰色或微染淡红色，树皮薄片状剥落，嫩枝纤细，有2条对生的浅纵沟，其上密被短柔毛。叶膜状纸质，卵形或披针形，很少长圆形或阔卵形。花通常单朵顶生，无柄，2型，花柱异长；花冠浅蓝色或微染红色，漏斗状，外面无毛，里面被白色长柔毛，檐部阔大，伸展，5浅裂。蒴果长约5毫米；种子黑色，网状假种皮紧贴种皮。通常生长于海拔3200~3400米处的林中。在我国分布于四川西南部、云南西北部和西藏东南部（林芝、波密）。

川滇野丁香
Leptodermis pilosa

茜草科 野丁香属

    灌木，通常高0.7~2米，有时达3米；枝近圆柱状，嫩枝被短绒毛或短柔毛，老枝无毛，覆有片状纵裂的薄皮。叶纸质，偶有薄革质，形状和大小多有变异，阔卵形、卵形、长圆形、椭圆形或披针形。聚伞花序顶生和近枝顶腋生，通常有花3朵，有时5~7朵；花冠漏斗状，管外面被短绒毛，里面被长柔毛。果长4.5~5毫米；种子覆有与种皮紧贴的网状假种皮。花期6月，果期9—10月。常生长于海拔1640~3800米处的向阳山坡或路边灌丛，陕西降至海拔600米左右。我国特有，分布于陕西华山和汉中、湖北西部、四川西北部至西南部、云南西北部和昆明、西藏东南部。

卧生水柏枝
Myricaria rosea

柽柳科 水柏枝属

　　仰卧灌木，高约1米，多分枝；老枝平卧，红褐色或紫褐色，具条纹，幼枝直立或斜升，淡绿色。叶披针形、线状披针形或卵状披针形，呈镰刀状弯曲。总状花序顶生，密集近穗状；花序枝常高出叶枝，粗壮，黄绿色或淡紫红色；花瓣狭倒卵形或长椭圆形，凋存，粉红色或紫红色。蒴果狭圆锥形，三瓣裂。种子具芒柱，芒柱几全部被白色长柔毛。花期5—7月，果期7—8月。生长于海拔2600~4600米的砾石质山坡，沙砾质河滩草地以及高山河谷冰川冲积地。在我国分布于西藏东南部、云南西北部。

茅瓜
Solena heterophylla

葫芦科 茅瓜属

　　攀缘草本，块根纺锤状。茎、枝柔弱，无毛，具沟纹。叶片薄革质，多型，变异极大，卵形、长圆形、卵状三角形或戟形等，上面深绿色，稍粗糙，脉上有微柔毛，背面灰绿色。雌雄异株。雄花：10~20朵生于2~5毫米长的花序梗顶端，呈伞房状花序；花极小；花冠黄色，外面被短柔毛。雌花：单生长于叶腋；花梗长5~10毫米，被微柔毛。果实红褐色，长圆状或近球形，表面近平滑。种子数枚，灰白色，近圆球形或倒卵形。花期5—8月，果期8—11月。常生长于海拔600~2600米的山坡路旁、林下、杂木林中或灌丛中。在我国分布于台湾、福建、江西、广东、广西、云南、贵州、四川和西藏。

变色马蓝
Strobilanthes versicolor

爵床科 马蓝属

　　草本或半灌木，茎下部木质化，多分枝，高20~120厘米，稀被微柔毛，后光滑无毛。叶卵形或椭圆状卵形，有时近圆形。侧脉4~6对。花近无梗，1~3朵成紧缩的聚伞花序，生于小枝上组成偏一侧向的穗状花序；花冠白色至全蓝色，冠管自基部向上扩大成钟状圆柱形，并作直角弯曲，圆柱形冠管与膨胀部分几等长。生长于海拔3100~3300米的山坡高山栋林、冷杉林林下或林缘草地。在我国分布于云南西北部、西藏。

圆叶小堇菜
Viola rockiana

堇菜科 堇菜属

　　多年生小草本，高5~8厘米。根状茎近垂直，具结节，上部有较宽的褐色鳞片。茎细弱，无毛，仅下部生叶。基生叶叶片较厚，圆形或近肾形，基部心形，有较长叶柄；茎生叶少数，有时仅2枚，叶片圆形或卵圆形。花黄色，有紫色条纹；上方及侧方花瓣倒卵形或长圆状倒卵形，侧方花瓣里面无须毛，下方花瓣稍短。蒴果卵圆形，无毛。花期6—7月，果期7—8月。生长于海拔2500~4300米的高山、亚高山地带的草坡、林下、灌丛间。在我国分布于甘肃、青海、四川、云南、西藏。

花椒
Zanthoxylum bungeanum

芸香科 花椒属

高3~7米的落叶小乔木；茎干上的刺常早落，枝有短刺，小枝上的刺基部宽而扁且劲直的长三角形，当年生枝被短柔毛。叶有小叶5~13片，叶轴常有甚狭窄的叶翼；小叶对生，无柄，卵形，椭圆形，稀披针形。花序顶生或生长于侧枝之顶，花序轴及花梗密被短柔毛或无毛；花被片6~8片，黄绿色，形状及大小大致相同。果紫红色，顶端有甚短的芒尖或无。花期4—5月，果期8—9月或10月。见于平原至海拔较高的山地。在我国分布地北起东北南部，南至五岭北坡，东南至江苏、浙江沿海地带，西南至西藏东南部。

细籽柳叶菜
Epilobium minutiflorum

柳叶菜科 柳叶菜属

多年生直立草本，自茎基部生出短的肉质根出条或多叶莲座状芽。茎多分枝，稀不分枝，周围尤上部密被曲柔毛，下部常近无毛。叶对生，花序上的互生，长圆状披针形至狭卵形。花直立；花蕾球形至卵状；花瓣白色，稀粉红色或玫瑰红色，长圆形、菱状卵形或倒卵形。蒴果被曲柔毛稀变无毛。种子狭倒卵状，顶端具透明的长喙，褐色，表面具细乳突。花期6—8月，果期7—10月。生长于海拔500~1800米的中低山区溪沟边、湖塘边、河床两岸及荒坡湿处。在我国分布于吉林、辽宁、内蒙古、河北、山西、陕西、宁夏、甘肃、新疆及西藏西部。

山岭麻黄
Ephedra gerardiana

麻黄科 麻黄属

　　矮小灌木，高5~15厘米；地上小枝绿色，短，直伸向上，通常仅具1~3个节间，纵槽纹明显。叶2裂，裂片三角形或扁圆形，幼时中央深绿色，后渐变成膜质浅褐色，开花时节上之叶常已干落。雄球花单生长于小枝中部的节上，形较小；雌球花单生，无梗或有梗，具2~3对苞片。雌球花成熟时肉质红色，近圆球形，矩圆形或倒卵状矩圆形。花期7月，种子8—9月成熟。生长于海拔3900~5000米地带的干旱山坡。在我国的西藏分布较广。

茅膏菜
Drosera peltata

茅膏菜科 茅膏菜属

　　多年生草本，直立，有时攀缘状，淡绿色，具紫红色汁液；茎地上部分通常直，无毛或具乳突状黑色腺点，顶部3至多分枝。基生叶密集成近一轮或最上几片着生长于节间伸长的茎上。螺状聚伞花序生长于枝顶和茎顶，分叉或二歧状分枝，或不分枝，具花3~22朵；花瓣楔形，白色、淡红色或红色。蒴果3~5裂，稀6裂。种子椭圆形、卵形或球形，种皮脉纹加厚成蜂房格状。花果期6—9月。生长于1200~3650米的松林和疏林下，草丛或灌丛中、田边、水旁、草坪亦可见。在我国分布于云南、四川西南部、贵州西部和西藏南部。

草马桑
Coriaria terminalis

马桑科 马桑属

亚灌木状草本，高0.5~1米，少分枝；小枝四棱形或呈角状狭翅，被腺状柔毛，紫红色。叶对生，薄纸质，下部的叶阔卵形或几成圆形，上部或侧枝的叶卵状披针形或长圆状披针形。花小，单性，同株而不同序，总状花序顶生，序轴紫红色，被白色腺状柔毛；花瓣5枚，小，卵形，肉质，里面龙骨状，花后增大。果径2.5~3毫米，成熟时紫红色或黑色。生长于海拔1900~3700米的山坡林下或灌丛中。在我国分布于云南（西北部）、四川（西部）和西藏（东南部）。

隔山消
Cynanchum wilfordii

萝藦科 鹅绒藤属

多年生草质藤本；肉质根近纺锤形，灰褐色；茎被单列毛。叶对生，薄纸质，卵形，两面被微柔毛。近伞房状聚伞花序半球形，着花15~20朵；花序梗被单列毛，花长2毫米，直径5毫米；花冠淡黄色，辐状，裂片长圆形，先端近钝形，外面无毛，内面被长柔毛。蓇葖单生，披针形，向端部长渐尖，基部紧狭；种子暗褐色，卵形。花期5—9月，果期7—10月。生长于海拔800~1300米的山坡、山谷或灌木丛中或路边草地。在我国分布于辽宁、河南、山东、山西、陕西、甘肃、新疆、江苏、安徽、湖南、湖北和四川等省区。

兽　类

世界之巅的兽类世界
——记一次珠峰及藏南考察

从世界第一高山珠穆朗玛峰的极高山区域到喜马拉雅五条沟的森林河谷区域，这里是西藏生物多样性最丰富的区域，也是生物科学家和自然影像工作者的圣地。通过考察中拍摄到的这些罕见大中型哺乳类动物的影像，读者们应该可以感受到这片圣地的宝贵之处。

喜马拉雅山和珠峰地区最容易见到的大型哺乳动物是岩羊、藏野驴和高原兔，通常沿着公路就能观察到这些大型兽类的生活，我们必须感谢这片广阔区域的人烟稀少和本地藏族人民天人合一的生活方式。从照片上可以看出岩羊的毛色与其高度适应了的生存环境浑然一体。我特别希望拍摄到岩羊和珠峰同在的画面，虽然拍摄到花期的多刺绿绒蒿和珠峰同框，但山与兽同框的画面还需要缘分吧。另外一种多次见到和拍到的哺乳类动物就是高原兔，可以清楚地看见这些体态肥硕的家伙灰色的屁股区域和白色的尾巴，所以高原兔又名灰尾兔。这一行中见到最多的大型有蹄类动物是藏野驴，一路上我们能够多次遇到荒原上漫步的藏野驴，我从中选了两张有意思的照片作为代表放在书里，读者看着照片就能体会到西藏的广阔和野生藏野驴的自由生活；有一张（见第364页）是希夏邦马主峰背景前自由生活的藏野驴，万类霜天竞自由，这就是野生动物最真实的美了；另一张（见第363页）是藏野驴"兄弟连"，细雨蒙蒙之中这群家伙不知为啥这动作，好得跟穿一条裤子一样，令人印象深刻。

在吉隆沟考察时，此行最大的发现出现了，我们为中国哺乳类名录确认了一个中国新记录：亚洲胡狼。当时我们正在海拔3500米左右的草甸、碎石滩区域考察，草地灌丛中突然出现一只类似狐狸的兽类。在它穿过灌丛，沿着山坡迅速消失之前，我们拍摄到了非常清晰的影像。亚洲胡狼外观和颜色介于赤狐和狼之间，最相似的动物是豺。这个罕见的中国犬科动物新记录和难得的野外亲身经历，真是让我每次回忆起来都心情激动。

说到美丽的吉隆，顺便说说出没于高海拔区域流石滩石缝中的喜马拉雅鼠兔（*Ochotona himalayana*）吧，感谢四川省林科院廖锐帮助鉴定。在团队里的几位花迷去拍花的时候，我坐在石堆里静静等待这萌家伙跑出来，夏天营养真好，这家伙胖成了一个球形。喜马拉雅鼠兔身体前半截棕黄色，后半截灰色，跟猕猴的鉴别特征——前半截灰色，后半截棕黄色——正相反，也是有趣的巧合。说到猕猴，此次考察队一共记录到猕猴藏南亚种、喜山长尾叶猴、熊猴3种，说明珠峰地区低海拔森林里灵长类生物多样性也很丰富。

最后谈一谈我们在希夏邦马峰区域山谷里拍摄到的马麝，因为"野性中国——中国濒危物种影像计划"，我关注和拍摄了多年的中国麝专题，实际上我国是麝类的分布中心，却因为非法盗猎而几乎丧失了99%的野生麝种群，中国野生的麝科动物几乎都在缝隙里苟延残喘，特别是照片中这样长着犬牙的成年雄麝，一声叹息。

以上只能重点介绍几种珠峰区域特色野生哺乳类动物，抛砖引玉，看到这些介绍和图片，大家都能感受到这片生物多样性生命的宝地是多么的珍贵和难得了吧？

董磊

2019年11月

神山圣湖护佑下的生灵

2018年初罗浩老师就约我参加"世界之巅"影像生物多样性调查，我欣然接受了，在珠穆朗玛国家级自然保护区范围内做调查一直是我梦寐以求的，尤其是能深入喜马拉雅的五条沟，用影像去记录那里见所未见的各类生物。

本来在2015年时就计划，在春天登山季过后的6月中下旬到7月初，罗浩老师与珠穆朗玛国家级自然保护区协调好，由西藏登山学校高山向导陪同我攀登到海拔6500米以上扎营，用一周甚至更长时间去记录珠穆朗玛峰高海拔区域有可能出现的一切生命迹象。绝大多数生物不能跨越海拔5500米的高度生存，这个高度以上基本就是生命的禁区，而有些却能突破这个禁区，出现在更高的地方，那是何等顽强的生命！目前记录到生长在最高海拔的植物是鼠曲雪兔子，珠峰登山队在海拔6400米的高度记录到它，如果我能在海拔6500米以上记录到任何生物，那都是理所当然的"世界之最"，意义非同凡响。要完成如此艰巨的任务，在国内生态摄影师里基本上就非我莫属了，我是生在青藏高原的藏族人，天生没有高原反应，而且从2011年开始与罗浩老师合作对雅鲁藏布大峡谷、鲁朗、巴松措、墨脱、阿里等地开展了多次影像生物多样性调查。每次调查虽然我在考察队中年龄最大，但体能永远排在队伍的最前列，并在哺乳动物、鸟类、两栖爬行、昆虫以及植物方面都有非常好的成果贡献。罗浩对我说过的一句话是："有你来，我放心！"但2015年4月樟木发生大地震，计划被迫取消，千载难逢的机会就这样错失。对完成"世界之巅"的影像生物多样性调查，我一直念念不忘，而罗浩也一直坚持同样的理想，我们是真正的同志，有着对藏区发自内心的热爱，为记录西藏独特的生物多样性，并将这种多样性用最好的影像向世界展示，我们都愿意倾尽毕生之力。

2018年"世界之巅"影像生物多样性调查因资金与赞助商的原因一直没能敲定出发时间，而夏季又是我最忙碌的时节。从5月底杜鹃花在横断山的高山盛开起，我就像高山上的熊蜂一样忙个不停。6月初罗老师最后告诉我，敲定在7月1日开启调查，我屈指算了一下，那个时间我还在滇藏新通道的丙察察路上带着20多人的观花团刚到林芝呢，我只能放弃最初的亚东沟，争取7月4日赶到日喀则与大部队会合。7月2日在林芝送团后，我和徐波老师接上赶来的董磊老师，沿着雅鲁藏布江，经米林——朗县—加查—泽当—羊湖—浪卡子—江孜赶到日喀则。抵达江孜时，大部队的亚东沟调查已经结束返回，我们在江孜古堡下与刘渝宏老师会合，而在亚东他们已经搞定了锥花绿绒蒿与高山杓兰，他们拍摄的影像直让我们流口水。7月4日当晚，我们所有调查队员在日喀则会合，讨论后调整了一下调查方案，7月5日向珠峰自然保护区进发。

从日喀则出发一路沿318国道前行，过定日珠峰检查站不远就进入珠穆朗玛国家级自然保护区。在保护区大门右侧的高寒草甸上，我们很快找到了乌奴龙胆，乌奴龙胆的基生叶像精心折叠过的手帕，是珠峰欢迎我们的第一朵鲜花。继续沿318国道前行，过岗嘎镇不远乃龙乡勒贡村，我们发现青稞地里有一对黑颈鹤在育雏，两只幼鹤刚出生半个月左右，毛茸茸的，随时紧跟在父母身后活动。拍摄它们时我注意到背后50米左右有当地村民在耕作，再远点的地方有牧民放牧，我特意将这些人与自然和谐相处的元素构图在一起。回过头来准备上车，发现公路边有个不到50米见方的池塘，里面长满了杉叶藻，池塘中间有一簇经幡，而一群赤麻鸭的雏鸟已经接近亚成，它们就生活在离国道10多米的地方，旁边100米就是勒贡村。

黑颈鹤是全世界15种鹤里唯一的高原鹤，它的繁殖地主要在青藏高原，喜马拉雅山与冈底斯山之间的雅鲁藏布江流域是黑颈鹤的主要繁殖地之一。从定日出发走318国道前往吉隆，基本沿着朋曲河行进到佩枯错湖。朋曲河谷两侧的山峰沙化严重，而宽阔的河滩里水草丰茂，形成明显的绿洲，显然这里食物丰富，是众多夏候鸟在此繁殖的原因之一。除此之外，人类的干扰较小也是它们选择在此繁殖的因素。

藏民族几千年来生活在雄奇苍茫、辽阔无垠的青藏高原，皑皑的雪山冰川融化形成水质纯净的河流，可供人们饮用，绿色的草原养育着牧群也养育了他们，人们感恩自然的馈赠。这里时而阳光普照，时而风雪肆虐，雨雪风霜瞬息万变，生活在这里的人们对自然又充满恐惧与敬畏。受宗教与自然环境的影响，青藏高原的藏民小心翼翼地生活在其间并视自己为大自然的一部分而不是主宰，善待自然就是善待人类自己，这种传统的生态观对保护野生动物起到了非常重要的作用。勒贡村这一个小水塘就被视为一处水神的居所，当地藏民轻易不敢污染水源，更不可能在神灵的居住地去猎杀野生动物，所以赤麻鸭在藏民的庇护下怡然自得地在此繁衍生息。而黑颈鹤更是得宠，因为在藏族传统神话里，藏民种植的青稞种子是它从天庭里喊来的；而在另一个神话里，黑颈鹤是格萨尔的牵马官，是格萨尔的妻子珠姆遭遇险境时向格萨尔王传递险情的良禽。在藏传佛教壁画里，它又是六长寿的鸟长寿，六世达赖喇嘛在诗歌里歌咏它是圣洁的仙鹤，是吉祥之物。我们可以从黑颈鹤悠然自得，闲庭信步般的体态上读出藏民对它的尊崇！

继续往前，我们在希夏邦马峰下随处可见藏野驴。传统的藏民是不吃圆蹄类和有爪动物的，无论野生还是家畜，比如骡、马、驴、狼、狗……我在可可西里、羌塘高原、阿里的神山圣湖周边拍过许多藏野驴的片子，它们经常几十只到上百头集群生活在青藏高原上，不足为奇。

调查队一路不停地拍摄，我们深夜才赶到吉隆镇。

吉隆沟处于喜马拉雅山南坡，从海拔5236米的孔唐拉姆山急剧下降到海拔1800米的吉隆口岸，我们体验了喜马拉雅山南坡从冰缘带到亚热带不同植被带的垂直景观与生境。在吉隆我们调查了一周左右，我特别喜欢去扎村背后的拉多山，这里的盘山道两侧分布着许多吉隆沟特有的物种，吉隆绿绒蒿、大叶假百合、穗序大黄、西藏洼瓣花等，经常把同行的余天一搞得哇哇大叫："天哪！我的天哪！"在拉多山腰一侧有个神湖叫朗吉措，是吉隆著名的神湖，传说有缘者可以在湖中看到莲花生大师的容貌。我们在湖边发现了百丽绿绒蒿，应该是中国新记录。还发现了蓼状绿绒蒿、雅致杓兰等一批明星物种。之所以在这里有如此多的独特发现，得益于藏民对神山圣湖的保护，在神山圣湖周边是不可以轻易伤害任何野生动物，也不可以随意采集药材，无论它如何珍贵。

傍晚我们驾车从拉多山下山到扎村村头，徐波老师在车窗里惊喜地发现了一群石鸡，不同门类的研究者长时间在一起，植物分类学博士对野生动物也开始充满了兴趣与激情。当天早上我们摸索着上路前往扎村，刚出吉隆镇不远的高山松与长叶松林里，也是徐波老师第一个发现这里的特有种——喜山长尾叶猴，而且是他第一个下车抢先去拍。徐波老师与我相识5年多来，我们经常一起调查并相互学习，他是中国冰缘带高山植物分类最有影响的科学家。方震东与潘发生算是我学习植物的启蒙老师，而我更多的植物分类知识是从徐波老师那里获得的。在调查期间我们每看到一朵高山野生花卉，他都会充满激情地给我讲述这个物种的奇特之处，而我呢，在他讲完之后教他如何把这朵花拍得既有科学性，又能充分展现植物的自然之美。他经常开玩笑说我是"博士生导师"，我当然愿意并欣然接受这份尊荣。

有一天傍晚，我们完成吉普大峡谷调查后，我约董磊老师再次到扎村附近去拍摄黑鹇与石鸡。我开着牧马人，将车停在扎村背后的林缘与灌丛中静静守候，董磊老师说不一定能守到，我说："一定能！"因为大部分藏民除了不吃圆蹄类动物以外还不吃任何飞禽，这是我们的传统。不一会儿，黑鹇爸爸从灌丛里露出头来，慢慢往中间的草甸上觅食。过了一会儿，黑鹇妈妈带着一群雏鸟也出现在芳草丛中，快门声从牧马人的车窗上同时响起，黑鹇一家又不慌不忙地钻进了灌丛。

　　因为开的是牧马人，我敢于在崎岖的喜马拉雅乡村山路上去探寻。刚离开黑鹇不远，又发现车头小道上出现30多只大大小小的石鸡，爸爸妈妈带着成群的雏鸟在小道上不慌不忙地边走边觅食，看来石鸡有集群育雏的习性，这在之前资料里从未听说过，我们不经意之间发现了石鸡这一特殊的社会习性。我驾驶牧马人始终跟随在它们身后20米距离拍摄，这下可把董老师乐坏了，他说从来只有牧马人，这回我们是开着牧马人在放牧野鸡！我们都深深感叹这里的生物多样性之富集，同时感激生活在这里的藏民，是他们用传统的方式保护着喜马拉雅的一草一木。

彭建生

2019年10月

亚洲胡狼 （中国首次记录）

Canis aureus

犬科 犬属

体长约80厘米，肩高约40厘米，尾长约25厘米，体重约9千克。通体毛长，光滑，一般为黄色、棕色，根据环境和季节而变化。尾巴蓬松。

亚洲胡狼分布范围广。2018年7月7日，TBIC首次通过影像记录方式，确认该物种在中国的分布。栖息于干燥空旷地区，食肉食和植物。

豺

Cuon alpinus

犬科 豺属

大小似犬而小于狼。体长85~130厘米，尾长45~50厘米，体重15~20千克。吻较狼短而头较宽，耳短而圆，身躯较狼为短。四肢较短，尾比狼略长，但不超过体长的一半，其毛长而密，略似狐尾。背毛红棕色，毛尖黑色，腹毛较浅淡。下臼齿每侧仅2枚。由于它们分布广泛，其栖息的生境亦多种多样，几乎从极地到热带它们都能生存，从沿海到高山都有它们活动的踪迹。既能抗寒，也能耐热，但以南方有林的山地、丘陵为其主要的栖息地。群居性，少则2~3只，一般7~8只，甚至10只或更多只聚合成群。集体猎食，常以围攻的方式，几乎在同域分布的大小兽类它们都能对付。广泛分布在我国境内。

国家 II 级保护动物。

雪豹
Uncia uncia

猫科 豹属

　　体长100~130厘米，尾巴粗长，尾巴长度约为头体长的3/4。身体被毛灰白色，头部有小而密集的黑斑，体背、两侧及四肢外侧有不规则的黑色环纹，耳边缘呈黑色，尾上具有黑色环，尾末端黑色，尾毛长而蓬松。雪豹是典型的高山动物，因栖息于雪线附近而得名。夏季在海拔5000米左右的高山草甸空旷地带活动，冬季下降到海拔3500米左右的较低地带觅食。雪豹多在夜间活动，其中以晨昏时刻最活跃，巢区比较固定。雪豹性情凶猛，反应机灵，善奔跑，以岩羊、盘羊、北山羊、白唇鹿、白臀鹿、藏原羚、马麝、高原兔及啮齿类动物为食，是雪山草原食物链的顶端，冬季也常偷袭家畜，但从不主动攻击人。冬末春初发情交配。发情周期54~70天，发情期5~7天。妊娠期90~103天。每胎2或3崽。2年性成熟。寿命一般在10年左右。分布在我国的青藏高原、帕米尔高原、天山山脉、甘肃、内蒙古、四川等地。

　　国家Ⅰ级保护动物。

喜山长尾叶猴
Semnopithecus schistaceus

猴科　长尾叶猴属

尾长超过体长是其特征之一，脸黑色，周围一圈为灰白色长毛覆盖，体为灰黄褐色。

为国家 I 级保护动物，栖息于海拔 3000 米以下的热带雨林、亚热带常绿阔叶林、针阔混交林中。喜结群活动，常清晨和黄昏觅食，食树叶和野果。

高原兔
Lepus oiostolus

兔科 兔属

体矮壮，头体长约50厘米，尾长约8厘米，体重约3千克。头部毛色近灰，鼻吻部延长且窄，眼橙色，眼部眉纹灰白。耳狭长，内侧被覆白色绒毛，尖端黑色。体背毛沙黄色，毛粗密柔软，毛尖多弯曲。腹部毛色灰白，臀部毛色偏铅灰色，尾短，被白色绒毛。后足甚长，常用于坐立。

高原兔主要分布于青藏高原，栖于海拔3000~5300米的草地、灌丛、荒漠及针叶林区。胆小，独居，无洞穴，以草本植物为食。以夜行为主，白天多隐藏于背风处歇息，形如石块，不易被发现，但比较常见。

藏野驴

Equus kiang

马科 马属

　　藏野驴是与马相近的奇蹄类大型动物，体长约260厘米，体重约300千克。耳较大，长约15厘米，头长形，鼻吻端为烟灰色，鼻孔粗大，后部为灰白，额及脸颊为棕褐色。颈背鬃毛为黑色，较短，体背为偏暗的棕色，从颈至尾具明显的黑褐色背中线。颈腹面及腹部为灰白色，四肢较长，健壮有力，灰白色至淡棕色。尾毛近端部为黑褐色。

　　藏野驴为国家Ⅰ级保护动物，栖息于青藏高原海拔3600~5400米间的高原草地、高寒荒漠草原和山地荒漠带，6—9月常集小群于湿地边活动，比较常见。

马麝

Moschus chrysogaster

麝科　麝属

　　麝类中体形最大的一种，体长约90厘米，体重约15千克。头形狭长，无角。通体皮毛为黄褐色，掺杂棕褐色。雌体无麝香。

　　马麝为国家Ⅱ级保护动物，分布在中国西北、西南，栖息于海拔3000米以上的山地林区或高原地区。性孤僻，多疑，反应迅速，行动灵活，多在清晨和傍晚活动。以灌木和青草为主要食物。

喜马拉雅斑羚

Naemorhedus goral bedfordi

牛科 斑羚属

　　体形较小，平均体长100厘米左右，肩高约51厘米。颏下无须。雌雄两性均具角，角长12.8~15厘米，两只角由头部向后上方斜向伸展，角尖略微下弯。上体棕褐色或灰褐色；喉斑白色或棕白色；整个下体色调基本上与上体相似，但略淡而稍灰；鼠蹊部污白色、棕白色；尾黑色。为典型的林栖兽类，栖息生境多样，从亚热带至北温带地区均有分布，可见于山地针叶林、山地针阔叶混交林和山地常绿阔叶林，但未见于热带森林中。常在密林间的陡峭崖坡出没，并在崖石旁、岩洞或丛竹间的小道上隐蔽。一般数只或10多只一起活动，其活动范围多不超过林线上限。是食草动物。分布在喜马拉雅山脉。

　　国家Ⅱ级保护动物。

喜马拉雅塔尔羊
Hemitragus jemlahicus

牛科 羊亚科 塔尔羊属

　　别名长毛羊、塔尔羊，主要分布于中国的喜马拉雅山。以草本植物为主食。其体形健壮，皮毛粗厚光滑，行动有力，善于攀爬，常结群活动。

　　喜马拉雅塔尔羊体形粗壮，体长120~140厘米，肩高84~101厘米，雄性体重80~100千克。整个头形狭长，雄兽的颏下没有长须，面部和吻部光秃无毛；雌性具灰褐色的角，但雄羊角比雌羊角粗大。雌羊比雄羊体小。全身被毛粗硬呈暗灰褐色或褐色。雄羊颈部、肩部和臀部被毛可长达12~18厘米。

　　喜马拉雅塔尔羊是身手敏捷的登山好手，在我国主要栖息于海拔3000~4000米的喜马拉雅山南坡的个别谷地（樟木至吉隆县一带）。栖息在有树木的山坡上，常活动于崎岖的裸岩山地及林缘，适应严寒多雨的气候。白天找有遮蔽的地方休息。晚上在高山灌丛带或多岩石地区隐蔽。

喜马拉雅鼠兔
Ochotona himalayana

鼠兔科　鼠兔属

我国特有物种，分布在喜马拉雅山一带的聂拉木、吉隆、定日和察隅，栖息于高山针叶林带。

熊猴藏南亚种

Macaca assamensis

猴科 猕猴属

　　体长约70厘米，尾较长，约占体长1/3。体背、四肢外侧灰黄褐色，胸部乳白色，面部和耳黑色，尾与体背基本同色，脸和耳朵黑色，额头、两颊、下颌、喉部灰白色。

　　熊猴为国家Ⅰ级保护动物，是喜马拉雅山区和印度支那地区特有种，分布在西藏东南部和云南西北部，栖息于海拔多在2500米左右的季风常绿阔叶林、落叶阔叶林、针阔混交林、高山暗针叶林。喜小群，喜在树上活动。以食野果和植物鲜枝嫩叶为主，也食部分昆虫、动物等。

猕猴

Macaca mulatta

猴科 猕猴属

猕猴是中等体型猴类，体长约55厘米，尾长约25厘米，体重约8千克。身体毛被亮黄褐色，头冠、体背和臀部泛出橙色。颜面瘦削，略带粉红，雌性发情期时则呈赤红色，耳较大，鼻短小头，喉部具颊囊。四肢均具5趾，前足毛色偏灰褐。胸腹毛色偏灰白。尾不是很蓬松。

猕猴为国家Ⅱ级保护动物，成群栖息于热带、亚热带及暖温带森林，广布中国南方诸省，在河南、山西、青海及藏东南亦有零星栖息种群。它们多于地面活动，以果实、叶子、昆虫、小型脊椎动物和鸟蛋为食。雄性猕猴有强壮尖锐的犬齿，时常为争夺食物、领地张嘴恐吓对方并发出尖叫声。

岩羊
Pseudois nayaur

牛科 岩羊属

　　岩羊的颜色与岩石相像，雄羊头体长约150厘米，肩高约80厘米，体重约60千克。头较小，眼大，耳小，颏下无须；体背面为棕灰或石板灰色略有蓝色反光，腹面及四肢内侧为白色，四肢的前面为黑褐色；尾宽扁，黑色，长约18厘米。岩羊的体形雄大于雌，且有壮实而弯曲向外扭转的角，角外表具不明显的横棱，雌性角则短小。

　　岩羊为国家 II 级保护动物，栖息于海拔2500~5500米的开阔多草山坡，分布于中国西北及青藏高原，常见于藏东南的巴松措旅游区。它们集小群，多晨昏活动，以高山杂草和地衣为食。

禽 类

387 · 棕尾虹雉　*Lophophorus impeja*

388 · 黑颈鹤　*Grus nigricollis*

392 · 白斑翅拟蜡嘴雀　*Mycerobas carnipes*

393 · 大鵟　*Buteo hemilasius*

394 · 点斑林鸽　*Columba hodgsonii*

395 · 高山岭雀　*Leucosticte brandti*

397 · 高山兀鹫　*Gyps himalayensis*

398 · 黑顶奇鹛　*Heterophasia capistrata*

399 · 黑鹇　*Lophura leucomelanos*

400 · 黄嘴山鸦　*Pyrrhocorax graculus*

401 · 灰背伯劳　*Lanius tephronotus*

402 · 鳞腹绿啄木鸟　*Picus squamatus*

403 · 大朱雀　*Carpodacus rubicilla*

404 · 山斑鸠　*Streptopelia orientalis*

405 · 石鸡　*Alectoris chukar*

407 · 岩鸽　*Columba rupestris*

408 · 赤麻鸭　*Tadorna ferruginea*

409 · 大嘴乌鸦　*Corvus macrorhynchos*

411 · 戈氏岩鹀　*Emberiza godlewskii*

412 · 褐岩鹨　*Prunella fulvescens*

413 · 红腹红尾鸲　*Phoenicurus erythrogastrus*

414 · 红嘴山鸦　*Pyrrhocorax pyrrhocorax*

415 · 黄颈啄木鸟　*Picoides darjellensis*

416 · 灰蓝姬鹟　*Ficedula tricolor*

417 · 角百灵　*Eremophila alpestris*

418 · 金额丝雀　*Serinus pusillus*

419 · 曙红朱雀　*Carpodacus eos*

420 · 树鹨　*Anthus hodgsoni*

421 · 星鸦　*Nucifraga caryocatactes*

422 · 杂色噪鹛　*Garrulax variegatus*

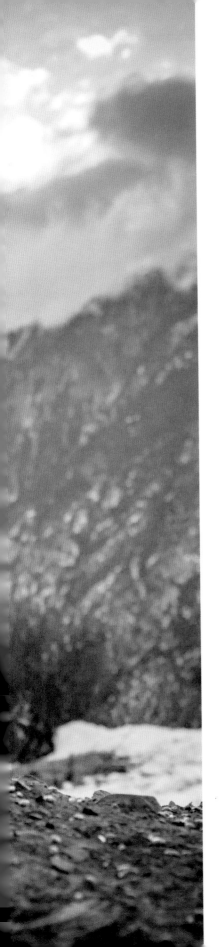

棕尾虹雉
Lophophorus impeja

雉科 虹雉属

    属于大型雉类，雄鸟体长在 70 厘米左右，分布在喜马拉雅山脉的特有鸟种，也是这个区域的"明星鸟种"。分布在西藏南部及东南部海拔 3000~4100 米左右的针阔混交林、针叶林、灌木丛、草甸等地带。棕尾虹雉又名九色鸟，因身上羽毛闪烁着彩虹般的金属光泽而得名。雄鸟具有形似孔雀般的竖冠绿色羽，头部为绿色；眼周裸出的皮肤呈海蓝色；后颈和颈侧红铜色；背铜绿色，其余上体紫蓝绿色，下背和腰白色；下体黑褐色，具显著的棕白色纹；尾棕红色。雌鸟略小，全身羽色以褐色为主，杂有黑纹或白色纹；尾羽棕色，具黑色横斑和白色端斑。眼睛内的虹膜为褐色；嘴角褐色；腿、脚黄绿色至暗绿色。棕尾虹雉也是尼泊尔的国鸟。

    国家 I 级保护动物。

黑颈鹤

Grus nigricollis

鹤科 鹤属

体高大，约150厘米，形美优雅，步伐稳健。雄鸟头、喉及整个颈黑色，嘴较长，灰黄色，眼前及头顶红色，眼后具黄白色块斑。体白色，初级飞羽及延长的三级飞羽黑色。尾短，黑色。脚细长，黑色。雌鸟及幼鸟头灰黄色，脖子略显臃肿，色偏灰暗。栖息于沼泽及湖泊周围繁殖，以素食为主，会取食农作物，时而捕食鼠兔。繁殖于青藏高原，越冬于中国西南部。

国家Ⅰ级保护动物。

白斑翅拟蜡嘴雀

Mycerobas carnipes

燕雀科 拟蜡嘴属

体中等偏小，约23厘米。雄鸟头、胸及体背黑色，嘴厚，灰色；腹及腰黄，翼黑中部有黄斑，翅缘的白斑尤其鲜亮，尾长黑色，脚粉褐色。雌鸟似雄鸟但色偏灰，脸颊及胸具不规则的浅色纵纹，翼多灰黄色，翼缘亦有白斑。

白斑翅拟蜡嘴雀栖于海拔2800~4600米沿林线的冷杉、松树、小桧树上，分布于中国西部、中部、西南及青藏高原。冬季结群活动，常与朱雀混群。在嗑食种子时，极吵嚷。

大鵟

Buteo hemilasius

鹰科 鵟属

　　体大，约70厘米，属大型猛禽。头棕色具褐斑，嘴青灰，厚实。体背及翼黑褐，羽缘黄白至棕色，形如鳞片状。胸腹浅棕色具褐斑。尾较长，褐色。脚粗壮，黄色，爪黑。飞行时，翼腹面前部棕色，后部白色具淡褐纹，近前缘中部的黑灰色斑块较为明显，翼缘黑褐，尾呈扇状。

　　大鵟为国家Ⅱ级保护动物。常见于中国北方、东部及青藏高原东部及南部，喜栖息于草原，垂直分布高度可达4000米以上的高原和山区。生性凶猛，攻击性强，能捕捉野兔及雉类。

点斑林鸽
Columba hodgsonii

鸠鸽科 鸽属

　　体中等，约38厘米，较肥硕。整体灰褐色，头灰色，嘴偏红，胸粉红，颈侧灰白具麻点状的褐斑。上背紫灰色，翼端黑褐，下体灰色，尾短，黑褐。脚短，黄绿色，爪黄色。

　　见于中国西藏东南部、云南、四川、甘肃及陕西，生活于海拔1800~3300米的多悬崖峭壁的森林。小群活动，多树栖性，大都在栎树林间觅食，食植物果实、种子、昆虫等。

高山岭雀
Leucosticte brandti

雀科 岭雀属

  体长约18厘米，体重约28克 。浑身羽色偏暗，头部为灰褐色，额头乌黑。嘴短粗，黑褐色。体背为灰褐色，胸、腹部为灰色，腰部则偏粉色。翅膀为黑褐色，羽缘白色。尾较短，黑色。脚颜色漆黑。

  高山岭雀是高寒山区鸟类，分布于中国西部至西北地区，以及喜马拉雅山脉南部各地，栖息于高海拔的多岩、碎石地带及多沼泽地区，也在高寒草原地带活动。夏季于海拔4000~6000米活动，冬季下至海拔3000米。结大群，有时与雪雀混群一起活动。

高山兀鹫

Gyps himalayensis

鹰科 兀鹫属

　　高山兀鹫通常被人们唤作"座山雕"。体巨大，体长约120厘米，体重约10千克，属大型猛禽。嘴粗厚，尖端如钩状，头及颈略被覆白色绒羽，颈后部具黄褐的蓬松羽毛。体背及翼土黄色具黄白色纵纹，翅端部羽毛黑色，胸腹黄褐。尾较短，黑色。脚灰色。飞行时，颈部缩起，光线好时可见翅腹面由黑白两条宽阔纹带组成，翼端略向上扬，尾较短，略似扇形。

　　高山兀鹫为国家 II 级保护动物。分布于喜马拉雅山脉至中国西部及中部高海拔地区。通常于高空翱翔，有时结小群活动，食腐肉，多栖于悬崖峭壁。

黑顶奇鹛

Heterophasia capistrata

鹟科 奇鹛属

　　体长约23厘米。头黑色，略有羽冠。身体大部分为棕黄色，翼上多灰色，初级覆羽及次级飞羽近黑色。嘴黑色，脚粉褐色。

　　分布于四川、云南、贵州、广西及西藏西南部，栖息于海拔2200~2600米的混交林，喜成对或结小群活动，常混入鸟群。性情吵嚷。多在苔藓的树枝上觅食。

黑鹇
Lophura leucomelanos

雉科 鹇属

　　大型鸡类，体长约60厘米，体重约1千克。雄体头顶有黑色羽冠，嘴黄褐色，上体黑褐色，背羽散发黑紫色金属光泽。尾部长且侧扁。脚灰色或褐色。雌体体羽棕褐色，杂有黑褐色斑。

　　分布在中国西南部，栖息于海拔2300~3300米的山地森林，常见于丘陵、山谷地带。喜成对成群活动，食植物嫩叶、种子以及昆虫。

　　黑鹇为国家 II 级保护动物。

黄嘴山鸦
Pyrrhocorax graculus

鸦科 山鸦属

　　体中等，体长约38厘米。似红嘴山鸦，浑身乌黑略有光泽，嘴较短呈黄色，腿红色。飞行时尾更显圆，歇息时尾显较长，远伸出翼后。

　　分布于中国西部、中部及青藏高原。一般结大群栖于较高海拔，常随热气流翱翔。杂食性鸟类，食昆虫、鼠类、草籽等。

灰背伯劳
Lanius tephronotus

伯劳科 伯劳属

　　体偏中小，约25厘米。头顶灰色，眼部具宽阔的黑纹，嘴黑褐，喉灰白。体背及翼深灰，被覆绒羽，翅端部黑褐，胸腹淡棕色。尾细长，黑褐。脚灰黑色。

　　灰背伯劳分布于喜马拉雅山脉至中国的南部及西部，栖息海拔可至4500米，喜灌丛、林缘开阔地及耕地。经常栖息在树梢枝干或电线上，伺机捕食，以昆虫为主食，取食蝗虫、蚂蚁、蚱蜢及蛙类等小动物。

鳞腹绿啄木鸟

Picus squamatus

啄木鸟科　绿啄木鸟属

　　体长约35厘米。雄体头顶和冠羽红色，体背和肩绿色，腰黄色，两翅和尾暗褐色并有白斑。嘴黄色。雌体头顶黑绿色。

　　分布于西藏南部喜马拉雅山区，栖息于海拔2500米以下的山地阔叶林和混交林中。单独活动，多在大树枯枝或死树上活动、觅食，食蚂蚁等昆虫。

大朱雀

Carpodacus rubicilla

燕雀科 朱雀属

　　体长约20厘米。繁殖期雄鸟的脸、额及下体深红，顶冠及下体具白色纵纹，嘴较厚，淡灰色；颈背及体背灰褐具深褐色纵纹，腰粉红。翼灰褐杂有深褐斑纹。尾长，黑褐。脚灰黑。雌鸟灰褐，胸腹近白有褐纵纹。

　　分布于中国中部、北部及藏东南。栖息于高海拔的多岩流石滩及稀疏矮树丛，夏季见于海拔4000~5500米高处，冬季下降到2000米山谷地带。惧生且隐秘，单独或成对活动，不易见。食豆科植物。

山斑鸠

Streptopelia orientalis

鸠鸽科 斑鸠属

　　体中型，约32厘米。头、嘴及体背灰色，颈侧有黑白色条纹相间的块状斑。上体的深色扇贝斑纹体羽羽缘棕色，腰灰，尾羽近黑，尾梢浅灰。下体多偏粉色，脚粉红。

　　分布于喜马拉雅山脉、印度及亚洲东部，栖息于多树地区、丘陵、山脚、平原。繁殖季节多在山地，冬迁到平原。喜成对活动，多在开阔农耕区、村庄及寺院周围，取食于地面。以食植物为主，如植物的种子、嫩叶和果实。

石鸡

Alectoris chukar

雉科 石鸡属

　　体长约30厘米，体重约500克。嘴红色，胸部灰色，腹部棕黄色，两肋有黑斑和栗色斑，脚红色。

　　分布广，栖息于低山丘陵、平原、草原、荒漠等地，喜集群，食杂。

岩鸽

Columba rupestris

鸠鸽科　鸽属

　　体长约31厘米。体色以灰色为主，嘴黑色，颈部金绿色，颈后缘和胸上部具紫至褐色光泽，如颈圈状。翼上具两道黑色横斑纹，端部褐色，尾上有宽阔的偏白色次端带。脚红色。雄性岩鸽求偶时颈部会异常膨大。

　　分布范围较广，喜马拉雅山脉、中亚至中国的东北部均有。多群栖于峭壁崖洞的岩崖地带，高可至海拔6000米，常集群在山谷、平原觅食，以食植物为主。性情温顺，不畏人。

赤麻鸭
Tadorna ferruginea

鸭科 麻鸭属

体较大，约63厘米，形似家鸭，目光呆滞，体黄色，头顶白，嘴墨黑。尾短，黑色，泛金属光泽。飞行时可见白色的翅上覆羽和黑色翅翼成鲜明对比。雄鸟夏季有狭窄的黑色领圈，雌鸟则无。耐寒，筑巢于近溪流、湖泊的洞穴，多见于湖泊及河流，不甚怕人，常集群于村庄附近。广泛繁殖于中国东北、西北及青藏高原，冬季迁至中国中部和南部越冬。

大嘴乌鸦
Corvus macrorhynchos

鸦科 鸦属

　　体长约50厘米，与渡鸦极相像，但头顶更显拱圆形。嘴黑色，甚粗厚，体背有明显闪光，有时呈淡蓝紫色，尾较短而末端截平。脚黑色。

　　大嘴乌鸦分布于中国除西北部外的大部地区。成对生活，喜栖于村庄周围，食性甚杂，动植物均食，多于垃圾场附近觅食，在上午和下午比较频繁。

戈氏岩鹀

Emberiza godlewskii

鹀科 鹀属

体长约17厘米。头、喉及胸上部灰色，头顶有褐纵纹，眼后部有棕色斑，后部线纹黄褐，眼下部具一斜黑纹杂有棕色斑。嘴短小，上嘴黑灰，下嘴灰白。体背黄褐具黑纹，翼黑褐，羽缘黄褐，胸下部及腹黄褐。尾较长，黑褐，脚肉色。雌鸟似雄鸟，但色淡。

分布于中国北部、中部及西南部至喜马拉雅山脉东段。喜干燥而多岩石的丘陵山坡，近森林又多灌丛的深谷，也出没于农耕地，喜食种子。

褐岩鹨

Prunella fulvescens

岩鹨科 岩鹨属

    体长约15厘米。头顶黑褐，眼上有较粗白色眉纹，脸颊煤黑，嘴黑色。喉、胸及腹白色，体背有黑灰相间的麻斑，翼黑褐，羽缘浅灰黄。尾较长，灰褐，羽缘灰白。脚浅红褐。

    褐岩鹨分布于中国北方、西北及青藏高原。喜开阔有灌丛至几乎无植被的高山山坡及碎石带。

红腹红尾鸲
Phoenicurus erythrogastrus

鹟科 红尾鸲属

　　体长约18厘米。雄鸟色彩醒目，头顶灰白，嘴细短，黑亮；脸颊、体背及翼前部黑色，翼中部具大块白斑，胸腹红褐；尾较短，脚黑色。雌鸟体灰黄，翼黑褐无白斑，尾淡栗色。

　　分布于中亚、喜马拉雅山脉至中国西部及藏东南，多栖息于海拔3000~5500米开阔而多岩的高山旷野，或山坡，或溪流、河谷等区域。性惧生而孤僻，耐寒性较高。以食昆虫为主，有时在动物尸体上觅食。

红嘴山鸦

Pyrrhocorax pyrrhocorax

鸦科 山鸦属

体长约45厘米，体乌黑似乌鸦，但嘴短小略下弯且为鲜红色，为其最大识别特征，脚红色。广布欧亚大陆，见于中国北部、东部及青藏高原。飞行敏捷，喜滑翔，"翼指"张开，如猛禽状。常结小群至大群活动，生活于林场或农场周围。

黄颈啄木鸟
Picoides darjellensis

啄木鸟科　啄木鸟属

　　体长约24厘米。前额有白色横带斑，耳部覆羽后面和颈侧黄色，上体黑色，喉和上胸中部褐色，下体黄色，尾下覆羽红色，脚暗绿色。雄鸟枕部有红色带斑。

　　分布于四川、云南、西藏等地，栖息于海拔1500~3000米的山地针叶林和针阔叶混交林中。食昆虫、蠕虫等。

灰蓝姬鹟
Ficedula tricolor

鹟科 姬鹟属

体长约13厘米。头侧、喉部至胸侧深灰色，嘴黑色，下体近白色，尾黑色，脚黑色。雄鸟喉部有三角形橄榄色块斑。

分布于中国南方及喜马拉雅山脉。多栖息于海拔1500~3000米的常绿阔叶林、针阔叶混交林、针叶林下灌丛中，冬季栖于针叶林。食叶甲、蚂蚁等昆虫。

角百灵
Eremophila alpestris

百灵科 角百灵属

　　体长约16厘米。雄鸟头部斑纹别致,顶冠前端的黑色条纹向头部后方延伸,长有翘起的羽簇,形成极富特征的小"角",因此得名。头部花纹复杂,眼睛前方及斜下方为黑色,眼睛上方及后方为白色,喉部亦为白色。体背及翅膀为暗褐色,胸上部有一条粗显的黑横带,下部及腹近白色,两胁带有褐色纵纹。脚部近黑色。雌鸟的斑纹与雄鸟相似,但是无"角",区别十分明显。

　　分布于中国北方及青藏高原。繁殖于高海拔的荒芜干旱平原及寒冷荒漠,冬季下至较低海拔至短草地及湖岸滩。主要在地面活动,食甚杂,善于鸣叫,非繁殖期多集群生活。

金额丝雀
Serinus pusillus

雀科　丝雀属

　　体长约13厘米。整体羽色为黑、黄相间，额头至顶冠有一个鲜红色的斑块，十分显眼。它的嘴部短粗，灰色。头及胸部黑色，体背及翅膀黑褐色，杂有淡黄色的纵向细纹。翅端部分羽缘黄色，形成条纹。腹部黄色，杂有黑褐色斑点。尾较长，黑褐，基部边缘为黄色。脚深褐色。

　　金额丝雀分布于中国新疆西部及西藏西部。栖息于海拔2000~4600米有低矮灌丛的裸岩山坡、草原谷地、树丛中。叫声悦耳动听，多于地面取食。平时集群，繁殖期除外。

曙红朱雀

Carpodacus eos

雀科 朱雀属

　　体长约12.5厘米。通体颜色较深，眉纹、脸颊、胸、腰粉色，嘴褐色，脚淡褐色。雌鸟体羽无粉色。

　　中国特有物种，分布于四川、云南、青海、西藏等地，栖息于3900~4900米，喜开阔的高山草甸，及有矮树和灌丛的干热河谷。冬季成群活动。主要以植物为食。

树鹨

Anthus hodgsoni

鹡鸰科 鹨属

　　体长约15厘米。头部灰褐，眼上部具白色眉纹，嘴细，上嘴偏灰，下嘴偏粉，喉黄白。体背及翼灰褐，翼缘黄绿色，胸腹灰白，密布黑色纵纹。尾较长，浅灰色。脚粉红。

　　繁殖于中国东北及喜马拉雅山脉，越冬于中国南方大部。喜栖于开阔林区，及附近草地、田野，高可至海拔4000米。

星鸦

Nucifraga caryocatactes

鸦科 星鸦属

体长约33厘米。头深褐，脸颊处密布白斑，嘴黑色，略平直。颈胸黑褐色亦密布雪花点。体背黑褐，臀及尾角白色。尾较短，深褐。脚黑色。

广布欧亚大陆，见于中国北部、东部、南部及青藏高原。单独或成对活动，偶成小群，喜栖于松林，以松子为食，会埋藏其他坚果以备冬季食用。

杂色噪鹛

Garrulax variegatus

鹟科 噪鹛属

　　体长约26厘米。脸部有黑白色图纹，嘴黑色，翼上有多彩图纹，体羽灰褐色，尾基黑色，脚黄色。

　　分布于西藏南部，栖息于海拔2200~4200米的河谷灌丛。喜在沟壑深谷的栎树林、混合林下密丛成对或集群活动。食昆虫、植物。

赭红尾鸲

Phoenicurus ochruros

鹟科　红尾鸲属

　　体长约15厘米。雄鸟和雌鸟体色不同，雄鸟的头、喉、上胸、背、翅膀及中央尾羽为黑色，头顶灰色，下胸、腹部、腰部及外侧尾羽为棕色；雌鸟则整体为灰褐色，尾羽淡棕色。

　　分布范围广，栖息于海拔3000米以上的灌丛、草原，或河谷滩灌丛间。会随着季节迁徙，夏季在青藏高原及邻近省区繁殖，冬季则迁至南方。夏季常栖息于高山灌丛草地，冬季则在房舍周围或农田活动。性情较活泼，常急促跳动，高挺站立。清晨或夜晚，常在突出的栖木上鸣叫。

棕头鸥
Larus brunnicephalus

鸥科 鸥属

　　体长约45厘米。嘴深红色，肩和背淡灰色，腰、下体白色，脚深红色。夏羽头淡褐色，冬羽头白色。

　　随季节迁徙，春季在青海、西藏等地繁殖，秋季至南方越冬。繁殖期栖息于海拔2000~3500米的高山、湖泊、河流、沼泽地带。食鱼、虾、软体动物、水生昆虫等。喜成群活动。

斑头雁
Anser indicus

鸭科 雁属

　　体大，约70厘米，顶白而头后有两道黑色条纹为本种的鲜明特征。嘴黄色，尖端黑色。头部白色向下延伸，在颈的两侧各形成一道白色纵纹，颈背灰黑色。上体羽灰色，羽缘白色，形成灰白相间的花纹。飞行可见上体均为浅色，仅翼部后缘暗褐色。下体多为白色。脚橙黄色。耐寒性高，夏季繁殖于中国极北部及青藏高原的沼泽，在"神山圣湖"旅游区可见成鸟带着幼鸟练习游泳的温馨画面，冬季迁移至中国中部及西藏南部的淡水湖泊。

藏马鸡
Crossoptilon harmani

雉科 马鸡属

　　体大，约86厘米，体态矫健，气宇轩昂，色彩素雅，极具神鸟派头。头部眼周裸皮暗红色，嘴肉色，头顶黑色，喉、耳羽簇及枕部白色。体羽银灰，中胸后部腹面有一块毛色泛白。两翼近黑。尾较长，尾上覆羽淡灰色，显得稀疏，略弯曲的丝状尾羽近黑具铜紫色光泽。脚红色。结小群栖于海拔3000~5000米的杜鹃灌丛及高山灌丛和草甸。

　　国家Ⅱ级保护动物。

喜马拉雅白眉朱雀

Carpodacus thura

雀科 朱雀属

　　体形小，约15~17厘米，喜马拉雅白眉朱雀雄鸟额基、眼先、颊深红色，额和一长而宽阔的眉纹珠白色，羽缘沾粉红色具丝绢光泽。头顶至背棕褐或红褐色、具黑褐色羽干纹，腰紫粉红色或玫瑰红色。头侧、颊和下体玫瑰红色或紫粉红色，喉和上胸具细的珠白色，腹中央白色。雌鸟与其他雌性朱雀的区别为腰色深而偏黄，眉纹后端白色。是一种高山鸟类，生活在海拔3000~4600米。垂直迁移的候鸟，夏季于高山及林线灌丛，冬季于丘陵山坡灌丛。分布在喜马拉雅山脉。

戴胜
Upupa epops

戴胜科 戴胜属

　　体中等，约30厘米，其色彩与形态在鸟类中可谓别具一格，令人印象深刻。嘴黑色，细长且下弯，尖锐。头冠耸立，平时收拢，粉棕色，末端黑色，遇险情时会直立展开，呈扇状。头、上背、肩及下体粉棕，两翼及尾具黑白相间的条纹。脚黑色。性活泼，跳跃式行走，喜开阔地面，用长嘴在地面翻动寻食昆虫。在中国大部地区均有分布，高可至海拔4000米，城市中常见的一种鸟类。

血雉

Ithaginis cruentus

雉科　血雉属

体略大，约46厘米，雄鸟似染了色的家鸡。眼周裸皮猩红色，眼周围橙黄，嘴乌黑，背部黑色，颈部白色。上体具灰色矛状长羽带白色细纹，下体绿色。胸部具红色细纹。尾较短以红色为主。脚红色。雌鸟色暗且单一，胸为皮黄色。活动于海拔3200~4700米的亚高山针叶林、苔原森林的地面及杜鹃灌丛，常结小群觅食。为喜马拉雅山脉，中国中部及西藏高原常见留鸟。国家Ⅱ级保护动物。

昆　虫

444 · 鳞跳虫　*Tomocerus* sp.

445 · 圆跳虫　*Sminthurides* sp.

446 · 长角跳虫　*Entomobrya* sp.

447 · 华双尾虫　*Sinocampa* sp.

448 · 异蚴　*Allopsontus* sp.

449 · 四节蜉　*Baetis* sp.

450 · 似假蜉（亚成虫）　*Ironodes* sp.

451 · 头蜓（稚虫）　*Cephalaeschna* sp.

452 · 高山戴春蜓　*Davidius* sp.（中国新记录）

453 · 赤褐灰蜻　*Orthetrum pruinosum neglectum*

454 · 山地灰蜻　*Orthetrum* sp.

455 · 心斑绿螅　*Enallagma cyathigellzm*

456 · 蓝印丝螅　*Indolestes cyaneus*

457 · 叉蜻　*Nemoura* sp.

458 · 网蜻　*Perlodes* sp.

459 · 木蠊（若虫）　*Salganea* sp.

460 · 诗仙蛰螳（若虫）　*Didymocorypha libaii*

461 · 束颈蝗　*Sphingonotus* sp.

462 · 牧草蝗　*Omocestus* sp.

463 · 红腹雏蝗　*Chorthippus rubensabdomenis*

464 · 双斑蟋　*Gryllus bimaculatus*

465 · 球螋　*Forficula* sp.

466 · 筒管蓟马　*Haplothrips* sp.

467 · 棉缨蚜　*Pemphigus* sp.

468 · 斑边叶蝉　*Kolla* sp.

469 · 黑讷宽颜蜡蝉　*Nesiana nigra*

470 · 贝菱蜡蝉　*Betacixius* sp.

471 · 尖胸沫蝉　*Aphrophora* sp.

472 · 扁西蝉　*Tibeta planarius*

473 · 藏蝉　*Mata rama.*

474 · 宽角跳蝽　*Calacanthia* sp.

475 · 黾蝽　*Gerris* sp.

476 · 斑须蝽　*Dolycoris baccarum*

477 · 树丽盲蝽　*Arbolygus* sp.

478 · 四斑红蝽　*Physopelta quadriguttata*

479 · 高山狭蝽　*Dicranocephalus alticolus*

480 · 宽铗同蝽　*Acanthosoma labiduroides*

481 · 蚁蛉　*Myrmeleon* sp.

482 · 高山小虎甲　*Cylindera dromicoides*

483 · 峰步甲　*Carabus everesti*

484 · 瓦格大步甲　*Carabus（Neoplesius）wagae*

485 · 异猛步甲　*Cymindis hingstoni*

487 · 铜绿通缘步甲　*Pterostichus aeneocupreus*

488 · 婪步甲　*Harpalus* sp.

490 · 亡葬甲　*Thanatophilus* sp.

491 · 窄胫隐翅虫　*Trichocosmetes* sp.

492 · 伪斑芫菁　*Pseudabris* sp.

493 · 瘦斑芫菁　*Mylabris macilenta*

494 · 籴纹象　*Merus* sp.

495 · 喜马象　*Leptomias* sp.

496 · 刺虎天牛　*Demonax* sp.

497 · 马天牛　*Hippocephala* sp.

498 · 土天牛　*Dorysthenes* sp.

499 · 绵天牛　*Acalolepta* sp.

500 · 喜山跳甲　*Altica* sp.

501 · 金斑龟甲　*Cassida* sp.

502 · 七星瓢虫　*Coccinella septempunctata*

503 · 十四斑食植瓢虫　*Epilachna marginicollis*

504 · 多异瓢虫　*Hippodamia variegate*

505 · 六斑栉甲　*Cteniopinus* sp.

506 · 琵甲　*Blaps* sp.

507 · 纹吉丁　*Coraebus* sp.

508 · 吻红萤 *Lycostomus* sp.

509 · 囊花萤 *Malachius* sp.

510 · 丽花萤 *Themus* sp.

511 · 普氏拟深山锹 *Pseudolucanus prometheus*

513 · 瑞奇大锹甲 *Dorcus reichei*

514 · 西藏细角刀锹甲 *Dorcus yaksha*

515 · 萨蜣螂 *Copris sacontala*

516 · 短角云鳃金龟 *Polyphylla edentula*

517 · 吉隆单爪鳃金龟 *Hoplia gyirongensis*

518 · 黑蜉金龟 *Aphodius* sp.

519 · 蓝跗珂丽金龟 *Callistopopillia iris*

521 · 毛臀弧丽金龟 *Popillia nitida*

522 · 红背弧丽金龟 *Popillia* sp.

523 · 草绿彩丽金龟 *Mimela passerinii*

524 · 亮条彩丽金龟 *Mimela pectoralis*

525 · 月唇异丽金龟 *Anomala luniclypealis*

526 · 隆金龟 *Bolbocerodema* sp.

527 · 普大蚊 *Tipula*（*Pterelachisus*）sp.

528 · 短柄大蚊 *Nephrotoma* sp.

529 · 艾大蚊 *Epiphragma* sp.

530 · 齿斑摇蚊 *Stictochironomus* sp.

531 · 小突摇蚊 *Micropsectra* sp.

532 · 趋流摇蚊 *Rheocricotopus* sp.

533 · 寡角摇蚊 *Diamesa* sp.

534 · 岭斑翅蜂虻 *Hemipenthes montanorum*

535 · 长喙蜂虻 *Bombylius* sp.

536 · 瘤虻 *Hybomitra* sp.

537 · 急躁食虫虻 *Neoitamus* sp.

537 · 茶色食虫虻 *Eutolmus* sp.

538 · 斑眼蚜蝇 *Eristalinus* sp.

538 · 短腹管蚜蝇 *Eristalis arbustorum*

珠峰徒步考察小记

珠穆朗玛峰自然保护区，包括被称为世界第一高峰、世界的第三极的珠穆朗玛峰及其周边地区，保护区内孕育着一系列多样、独特的生物群落和生态系统，在全球生态和生物多样性保护中有着重要地位。

珠峰自然保护区具有巨大的海拔差异，保护区内拥有从中山到极高山的自然地带变化过程，在几十公里的南北距离内完整包含了热带、亚热带、温带高山寒带的自然环境要素。保护区主体的北部地区属藏南山原宽谷、湖盆区，具有典型的寒冷、半干旱的高原大陆性气候，部分昆虫具有针对高寒灌丛草原生态的特化，如有"极端环境生物"称号、生活于海拔5400米冰川附近的寡角摇蚊（*Diamesa* sp.），后翅退化而不能飞行的甲虫——喜马象（*Leptomias* sp.），适应海拔约4800米的高原河流湖沼环境的心斑绿蟌（*Enallagma cyathigellzm*），等等，这片高寒地带俨然一个生物界的世外桃源。

然而童话般的冰雪世界对常驻热带雨林的考察者而言则像极了蛮荒时代，我在7月10日的下午抵达海拔5000米的新珠峰大本营，这里只有帐篷和人，几乎看不到任何其他生物，世界最高峰仍然沉睡在云雾里，而我也即将第一次躺在海拔5000米的地方过夜，心情是激动的，因为珠峰是英雄的加冕地，代表着刚毅、勇敢、不屈不挠，可头因缺氧是疼痛的。入睡时，拍摄会议安排的内容已完全清零，一片空白。

翌日，头一次体验了炎炎夏季的"北风"，我仿佛穿越到了冬天，躺在暖和的被窝中迟迟不想起床。天刚蒙蒙亮，全副登山装备包裹下只露着两个眼睛的我随着大部队在弥漫的大雾中出发了。完全没有攀登经验的我和一个队友尤其信心满满，今天内登上海拔6000米的高度应该完全没问题，我俩走在队伍的最前面，即使路面的能见度不足20米！而且我对分布海拔最高的昆虫种类一直心心念念，真想好好探个究竟。

珠峰的路开始时较为平坦，可渐渐变得蜿蜒曲折，我每翻过一个小山头都会忍不住看一看海拔表，可谁知前三分钟还高兴地庆祝上升100米，后三分钟海拔立刻又落了回去，原来这山路是如此跌宕起伏。行走了约2小时，海拔计似乎还停留在原地，而我都开始大口喘气，额头冒出了汗珠，这完全成了一场登山运动，拍摄最高海拔昆虫的计划似乎被抛诸脑后了。经过一处关隘后，前方的路突然断了，完全找不到方向，恰巧面前还出现一条激流，河面虽不大，但足有3米宽，30厘米深。如何安全越过并避免被冰冷的水弄湿真给大伙出了个难题。思考及尝试半小时后，考察队来了个"八仙过水，各显神通"，有从山上寻找较窄河道的，也有搬石块造桥的，还有脱鞋蹚水的，我最后在下游浅滩进行"凌波微步"，可最后还是得通过一条近2米宽的河。河岸边沙石特别松软，无奈下，我搬了好多石块垒在河边以便有结实的立足点。可谁曾想，在我不经意搬动石块的瞬间，有会飞的小生物从身边迅疾掠过，粗看像蚊子，莫不是跟着人类也来珠峰避暑，顺便想继续叮咬我？山下的蚊子不可能飞行那么遥远的距离吧，难道它们不怕冷？莫非是传说的冰雪酷蚊？强烈的好奇心驱使我接二连三地翻开石块，并快速准备好拍摄利器随时抓拍。可刚发现一只正准备拍时，不知从哪刮来一阵风又把这奇怪的小蚊子吹飞了，这时正是和风比速度的时候。我还算走运，居然碰到一只不会飞的，看它样子是今天清晨刚羽化的，其触角还未完全舒展开。透过放大的照片可见这种小生物清晰的特征，原来它是一种不会吸血的蚊子——摇蚊。10分钟内终于解决战斗后，我扛着相机纵身一跃跨过小河并快步跟上大部队，朝着一个小山丘进发。

由于小山丘比较避风，我向领队请示后就与另一位摄影师留在原地拍摄，不继续前行。这里的海拔显示5200米，山丘下方就是专业登山队的大本营，折腾一上午前行6000米，居然才上升了200米，出发时信誓旦旦突破人生第一个6000米在此时看来简直是异想天开。

山丘上低矮的金露梅零星开着小黄花，匍匐在地面嫩绿的雪灵芝显示出生命的迹象。临近午时，一只灰褐色的囊花萤突然落在石块上，这个小家伙的造访令人特别惊讶，它似乎在告诉我这里有一个完整的食物链，果然在布满地衣的石块下还藏匿着数只有"长腿叔叔"之称的胖盲蛛，甚至还有体色偏灰白的花蝇，可是它们都没表现出惊慌逃避的行为，也许是气温低的缘故。然而它们预示的不仅是温度，还有一场突如其来的小暴雨，幸而山丘下有个水泥砌成的卫生间，我和另外一个摄影师急匆匆躲进了这个"避难所"才能暖和一下午，最后与返程大部队会合后离开这片苍穹之顶。

虽然留着些许遗憾离开了珠峰的心脏边缘，后来请教各路学者得知，雪水边遇到的蚊子正是冰雪里的摇蚊，分布海拔可达5600米，也算分布海拔最高的昆虫种类，如有机会一定得好好观察这"冰雪酷蚊"的奇特习性。

在珠峰大本营领略过极度寒冷，峰回路转，越过延绵山脉，在珠穆朗玛峰自然保护区南部的河谷地区则能感受彩云下的富饶。这里具有典型的高山峡谷地貌特征，气候深受印度洋暖湿气流的影响，温暖湿润，发育着喜马拉雅南翼湿润山地森林生态系统，物种组成十分多样。

仅在珠峰自然保护区一区范围内就同时存在着世界上这样两个特殊生物地理区域的代表，这在世界自然保护区中也实属罕见，同时也是大自然留给人类最宝贵的财富之一。

陈尽虫

2019年6月

珠峰保护区的昆虫

　　珠穆朗玛峰自然保护区，覆盖着被称为世界第一高峰、世界的第三极的珠穆朗玛峰及其周边地区，它孕育着一系列多样、独特的生物群落和生态系统，在全球生态和生物多样性保护中有着重要地位。

　　珠峰自然保护区具有巨大的海拔差异，使保护区内拥有了完整的从中山到极高山的自然地带变化过程，在几十公里的南北距离内完整包含了热带、亚热带、温带高山寒带的自然环境要素。

　　保护区主体的北部地区属藏南山原宽谷、湖盆区，具有典型的寒冷、半干旱的高原大陆性气候，昆虫属典型的古北区系，如有适应荒漠化环境的甲虫——伪斑芫菁（*Pseudabris sp.*）、异猛步甲（*Cymindis hingstoni*）等，针对高寒冰原生态环境，分布有多种"极端环境生物"，生活于海拔5400米冰川附近的寡角摇蚊（*Diamesa sp.*）十分引人注目。

　　保护区南部的河谷地区具有典型的高山峡谷地貌特征，气候深受印度洋暖湿气流的影响，温暖湿润，发育着喜马拉雅南翼湿润山地森林生态系统，物种组成十分丰富，部分物种与尼泊尔有相似之处，昆虫属典型的东洋区系，如有分布于亚热带区域的虎斑蝶（*Danaus genutia*）与金裳凤蝶（*Troides aeacus*），甚至有种类异常丰富的金龟子家族，如瑞奇大锹甲（*Dorcus reichei*）、短角云鳃金龟（*Polyphylla edentula*）、蓝蹦珂丽金龟（*Callistopopillia iris*）等。

　　通过对昆虫的考察，可以发现喜马拉雅山脉南坡森林的生物多样性水平甚至可以媲美热带雨林，其生态系统保存完好，是世界上不可多得的生物保护区之一。

鳞跳虫

Tomocerus sp.

弹尾纲 鳞跳虫科

体微型，体长约3毫米。触角3节，以第三节最长，第一、二节红紫色，端部黄色，第三节黄色。足短小，端部黄色。身体背面覆盖鳞片及较短纤毛，胸部前半部背面紫黑色。腹部末端腹面具弹器，受惊扰时会迅速跳起。

白天隐藏于湿润的朽木内，夜晚或清晨活动。分布于西藏吉隆。

圆跳虫

Sminthurides sp.

弹尾纲　圆跳虫科

　　体微小，近球形，体长约2毫米。触角第4节长于第3节。头部较大，暗红色，复眼由许多小单眼组成，像蛋糕上的芝麻粒。胸腹部黄褐色，圆隆，纤毛较短。腹部末端腹面具弹器，能跳起避开天敌捕食。

　　白天隐藏于湿润的朽木内，活动时像一只胖胖的奶牛在悠闲地散步。分布于西藏吉隆。

长角跳虫

Entomobrya sp.

弹尾纲 长角跳虫科

　　体微型，体长约4毫米。触角4节，各节长度近等，第一、二节黄褐色，第三、四节淡紫色。身体背面淡黄，具不规则的淡紫色斑及较长纤毛。胸部前半部背面的纤毛较为密集，腹部较稀疏。腹部末端腹面具弹器，受惊扰时会迅速跳起。

　　白天隐藏于朽木或土壤内，活动时爬行快速。有时大批群居于土壤中，密度十分惊人。分布于西藏吉隆。

华双尾虫

Sinocampa sp.

双尾纲 康虮科

体细，体长约8毫米。触角细长，各节形状似小珠子。头部黄白色，光亮，无复眼和单眼。身体背面覆盖微小鳞片及较短纤毛。胸部构造原始，有明显分节。足细微，半透明。腹部由11节组成，末节具2根较长尾须。

白天隐藏于潮湿朽木深处，夜晚活动，爬行似蜈蚣，摆头扭尾。分布于西藏吉隆。

异蛚

Allopsontus sp.

石蛚目 石蛚科

　　体近纺锤形，覆盖灰白色鳞片及黄白鳞片，长约15毫米。触角细长，丝状，紫褐色杂有白斑。头部复眼较大，较突起。胸部较粗略拱起，驼背状。足短小。腹部末端具深褐色尾丝3根，以中尾丝最长。

　　夜晚活动，由于有保护色，它在岩石上与环境常融为一体，不易被发现。分布于西藏吉隆。

四节蜉

Baetis **sp.**

蜉蝣目 四节蜉科

　　体较小，长约10毫米，有一对较大的前翅，后翅十分微小。头部复眼分上下两层，上层橘红色，下层青灰色，像头顶一个大蛋糕。触角细短。胸部黄色，腹部青灰，末端具2根长于体长的尾丝。

　　稚虫像小鱼，尾丝3根，栖息于溪流的石块下。蜉蝣在陆地上羽化后形成亚成虫时期，这个时期的蜉蝣翅不透明，乌黑。几个小时后亚成虫还会蜕一次皮形成真成虫，成虫的翅会变得透明亮洁。图所示为亚成虫。分布于西藏亚东。

似假蜉（亚成虫）

Ironodes **sp.**

蜉蝣目 扁蜉科

　　体长约15毫米，有一对较大的三角形前翅，翅上具较多褐斑，后翅较小，三角卵形。头部复眼较小，褐色。触角十分细短。腹部黄色，背面有青灰色斑块，末端具2根近体长的褐色尾丝。

　　稚虫扁平，生活于海拔近4500米的冰冷洁净溪流内。稚虫对所生活区域内水质变化非常敏感，可作为水质监测昆虫。图所示亚成虫，它为了躲避高原强烈的紫外线藏于一朵报春花下。分布于西藏亚东。

头蜓（稚虫）

Cephalaeschna sp.

蜻蜓目 蜓科

　　体长约45毫米，体暗褐色，形似一根较粗的树枝。头部近梯形，复眼外突，触角短粗。胸部背面具船桨形的翅芽。腹部背面具黄褐色小斑点，侧缘具细刺。末端具3根较短的刺棘。

　　稚虫生活于海拔约2700米的清凉溪流内，白天隐藏于较大石块下，夜晚外出捕食。分布于西藏吉隆。

高山戴春蜓 （中国新记录）
Davidius sp.

蜻蜓目 春蜓科

体中型，身体长约60毫米。复眼青褐色，头部额头黄色。胸部黄色具黑色条纹，胸部前方的黑纹较粗，侧面的较细。腹部黑色，具黄色斑纹，第二腹节侧面具黄色耳形突起，随着腹节的增加，侧面的黄纹逐渐减少。雄虫腹末端的肛附器不发达，呈小尖角状。图所示雄虫。

栖息于海拔约2600米的溪流灌木丛中，常停落在阳光充足的林间小道上。分布于西藏吉隆。

赤褐灰蜻

Orthetrum pruinosum neglectum

蜻蜓目　蜻科

体中型，身体长约50毫米，复眼暗青色，雄虫胸部黑褐色，腹部洋红色，在原野里格外醒目，足较粗壮，后翅基部具褐斑。雌虫黄色或黄褐色。图所示雌雄交配状。

常见于中、低海拔山区的池塘、水库、稻田环境。广布中国南方。

山地灰蜻

Orthetrum sp.

蜻蜓目　蜻科

体中型，身体长约45毫米，雄虫复眼青色，胸部褐色，侧面具青灰色斑块，腹部除了后端外青灰色至青白色，后翅基部褐斑较小。雌虫体色以黄色为主，具黑色斑纹。图所示雄虫。见于海拔3200米山区的池塘环境。分布于西藏吉隆。

心斑绿螅

Enallagma cyathigellzm

蜻蜓目 螅科

　　体细长，身体长约28毫米，雄虫蓝色，具黑斑，复眼后方具两个色彩明亮的圆形蓝斑。胸部前方背面中部具黑色细纹。第二腹节背面具一个黑色心形斑，第8~9腹节蓝色。雌雄斑纹相似，但雌虫色呈淡灰绿色。图所示雄虫。

　　见于海拔3000~4500米的山区湿地。广布青藏高原。

蓝印丝螅

Indolestes cyaneus

蜻蜓目 丝螅科

雄虫蓝色，具黑斑，复眼后方黑色。胸部前方背面中部具较粗黑色纹。第3~6腹节暗蓝色，具子弹形黑斑，第7~9腹节黑色。雌雄斑纹相似，但雌虫色呈淡灰色。图所示雄虫。

见于海拔3500米的山区湿地。分布于西藏吉隆。

叉䗛

Nemoura sp.

襀翅目 叉䗛科

　　体细小，黑褐色。复眼褐色，触角细长。翅半透明，淡黄褐色，具烟褐色斑，并略向两侧卷曲。足黑色，具黄褐色斑。

　　稚虫生活于高海拔洁净溪流乱石缝中，成虫夏秋羽化，多攀附于溪边石上，故俗称"石蝇"。稚虫对所生活区域内水质变化非常敏感，可作为水质监测昆虫。分布于西藏亚东。

网蜻

Perlodes sp.

襀翅目 网蜻科

体长约18毫米，形较短粗。头部较大，橘黄色，两复眼间中部具有一模糊的褐斑，触角细长。前胸背板暗褐色，近长方形。翅半透明，烟褐色，翅脉网格状。足黑褐色，具黄褐色绒毛。腹部末端具两根尾丝。

稚虫生活于高海拔洁净溪流石块下，成虫羽化藏于近溪流边的石块下。分布于西藏亚东。

木蠊（若虫）

Salganea sp.

蜚蠊目 硕蠊科

　　体长约25毫米，红褐色，体较为隆起。头部隐藏于前胸背板下，触角细长。前胸背板暗褐色，近梯形，表面密布较多细微刻点。足暗红色，中、后足具明显的刺棘。肛上板具两微小尾须。

　　生活于海拔约2700米的针叶林中，隐藏于朽木内。分布于西藏吉隆。

诗仙蠕螳（若虫）
Didymocorypha libaii

螳螂目　埃螳科

　　体长约35毫米，棕色，形细长而较扁平。头部额头高高隆起形成尖角，如戴着一顶高帽子，触角细长。体背密布较多细微褐斑，若虫无翅。前足如镰刀，具细齿，常收缩，如祈祷状，中、后足细长。腹部末端具细短尾须。

　　生活于海拔约2600米的低矮灌木中，走路时摇摇晃晃如竹节虫，有时会跳跃前行。分布于西藏吉隆。此种为我国学者2020年发表的新物种。

束颈蝗

Sphingonotus sp.

直翅目 斑翅蝗科

体土灰色杂有褐纹，长约40毫米。头部背面有瘤突，复眼外突，近心形。触角线状，较短。前胸背板如防护脖子的盔甲显得特别紧缩。前翅具淡褐斑，后翅具淡黄色。后足粗壮有力，胫节有美丽的蓝色，并具较小黑刺。

生活于海拔约2600米的草丛中，遇危险时会迅速飞起又快速落下。分布于西藏吉隆。

牧草蝗
Omocestus sp.

直翅目 斑翅蝗科

体土灰色具黑斑，长约28毫米。头部背面具细棱，复眼外突，三角卵形。触角线状，较短。前胸背板背面的黑斑中具黄色细纹。前翅淡褐色，短于腹长。后足粗壮有力，胫节暗红色，并具较小黑刺。

生活于海拔约2600米的草丛中，擅于跳跃。分布于西藏吉隆。

红腹雏蝗

Chorthippus rubensabdomenis

直翅目　网翅蝗科

体土青灰色，长约18毫米。头部色淡，复眼外突，三角卵形。触角线状，较短。前胸背板背面具细棱。前翅淡褐色，较短，约覆盖腹长的一半。后足粗壮有力，胫节橙红色，并具小黑刺。

生活于海拔约2600米的草丛中，擅于跳跃。分布于西藏吉隆。

双斑蟋

Gryllus bimaculatus

直翅目 蟋蟀科

　　体黑色，油亮，长约28毫米。头部近半球形，触角丝线状，较长。前胸背板略凸起。前翅黑色，略带茶褐色，基部具两个明亮的黄斑。后翅发达，翅端折叠时呈须状，超出前翅和尾须。后足粗壮有力。雌虫的产卵器针状，长于尾须。

　　生活于草丛中，夜间出没，十分擅于跳跃，鸣声清脆响亮，强劲有力，声如"嚯、嚯、嚯"。广布中国南方，见于西藏吉隆。

球蝼

Forficula sp.

革翅目 球蝼科

　　体黑色，油亮，长约12毫米。头部近方形，前胸背板长方形，侧边缘明显。足短小，跗节淡褐色。前翅十分短小，如指甲盖状。腹部侧缘具较小的光亮瘤突。雄虫尾铗弯曲呈"C"形。雌虫尾铗尖细而直。图所示雌虫。

　　夜间见于中海拔山区潮湿的路边，会捕食体形较小的金龟子。分布于西藏吉隆。

筒管蓟马
Haplothrips sp.

缨翅目 管蓟马科

体十分细微，黑褐色，长约3毫米。头部较圆呈筒形，复眼突出，暗褐色。触角细短，基部膨大。前股股节相当膨大，中、后足细弱。翅淡褐色，翅缘具较长鬃毛。腹部末端尖锐。

见于山区的树枝或石块上，喜访花，随风飞行，有时会飞于人手臂上。分布于西藏吉隆。

棉缨蚜

Pemphigus sp.

半翅目 蚜科

体细微，淡绿色，长约5毫米。头部短小，腹面具一根较长的针管状口器。触角细短。足细弱。翅透明，具有虹彩色。胸腹背面长满蜡丝。

见于高海拔山区的低矮灌木上，飞行时如一小团棉花飘浮在空中。分布于西藏亚东。

斑边叶蝉
Kolla sp.

半翅目 叶蝉科

　　体细微，长约4毫米。头部短小，略呈弧形，背面具不规则青色斑，复眼褐色。触角十分细短，刚毛状。足细弱，淡绿色，后足较长，具小刺，常收缩。翅青褐色，边缘淡绿色，青褐色区域具虹彩色。

　　见于山区的低矮灌木上，极速跳跃，快得令人无法看清。分布于西藏吉隆。

黑讷宽颜蜡蝉
Nesiana nigra

半翅目 蜡蝉科

体近方形，长约20毫米。头部短小，青绿色，背面略为凹陷，复眼褐色。触角十分细短，刚毛状。前胸背板三角形。足红褐色，后足较长，具小刺。前翅长方形，青黑色具雪花白斑，后翅白色。

见于海拔约1800米山区的低矮灌木上，擅跳跃。分布于西藏吉隆。

贝菱蜡蝉

Betacixius sp.

半翅目　菱蜡蝉科

体细微，长约5毫米。头部短小，略呈弧形，复眼红褐色。触角十分细短，刚毛状。足细弱，黑色，后足较长，淡黄色，常收缩。翅透明，边缘具微绒毛，前翅端部具褐斑。

见于山区的低矮灌木上，擅跳跃，雨天常躲于叶背面。分布于西藏亚东。

尖胸沫蝉

Aphrophora sp.

半翅目 沫蝉科

　　体长约10毫米，灰褐色。头顶弧形，前端钝圆，中部具2淡紫单眼。前胸背板呈八边形，侧缘较窄。前翅褐色具不规则白斑及黑斑。足短，褐色。

　　见于山区的低矮灌木上，会急速跳跃。沫蝉若虫常分泌一种泡沫状物，用来保护自己不至于干燥及免受天敌侵害，所以又称为吹泡虫。分布于西藏吉隆、亚东。

扁西蝉
Tibeta planarius

半翅目 蝉科

体长约25毫米，小型蝉类，暗褐色，密被绒毛。头部复眼红褐色。触角细短，刚毛状。翅膀透明，前翅基部翅脉淡绿色，后部黑色。前足较粗，股节腹面具刺棘。腹部较粗，有暗红色斑纹。

多于林缘灌木中活动。分布于西藏南部高海拔林区。

藏蝉
Mata rama.

半翅目 蝉科

　　体长约35毫米，中型蝉类，黑色具绿色斑纹。头部短小，复眼突出，青绿色。前胸背板外缘青绿色。翅透明，前翅基部淡茶褐色，翅脉红褐色。前足较粗，股节腹面具小刺棘。腹部短粗，侧缘具较长绒毛。
　　见于海拔约2800米的针阔叶林中，鸣声较大。分布于西藏吉隆。

宽角跳蝽
Calacanthia sp.

半翅目 跳蝽科

体椭圆，微小，长约6毫米。头部短小，复眼十分突出，褐色，触角细长，端部黑色。体背具细微黄绒毛。翅褐色具较多细条形白斑。足较细长，后足具细微小刺。

见于海拔约4000米的苔原湿地中，在小溪边觅食。分布于西藏亚东。

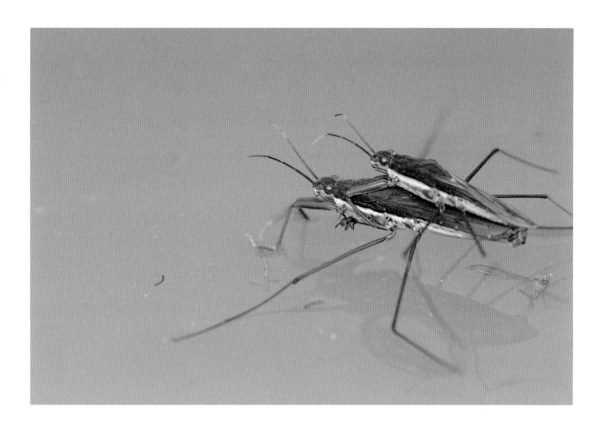

黾蝽

Gerris sp.

半翅目 黾蝽科

体细长，长约12毫米。头部短小，复眼突出，褐色，触角细长，端部黑褐色。体背棕色，体侧褐色，腹面具银白色绒毛。翅褐色。前足短小，中、后足细长，具拒水毛。

见于海拔约4000米的苔原湿地中，会漂浮在小池塘或雨后积水潭内。分布于西藏吉隆。

斑须蝽

Dolycoris baccarum

半翅目 蝽科

体椭圆，长约15毫米。头部宽扁，复眼突出，褐色，触角细长，黑色。体背具密集的小刻点，小盾片长三角形，后部舌状，浅白色。翅红褐色，端部茶褐色，半透明。腹部边缘具黑斑。见于山区林地，多停栖在小灌木上。广布中国南北地区。

树丽盲蝽

Arbolygus sp.

半翅目 盲蝽科

体长约8~9毫米。头部短小，复眼突出，褐色，无单眼，触角细长，浅褐色。体背褐色，较光亮，小盾片正三角形。翅褐色，具细微白绒毛，端部半透明，黄褐色，向下倾斜，如一个小斜坡。

见于山区林地，多停栖在小灌木上。分布于西藏亚东。

四斑红蝽
Physopelta quadriguttata

半翅目 红蝽科

体长约16毫米。头部短小，三角形，复眼突出，褐色，触角细长，黑色，端部灰白色。体背边缘暗红，中部灰褐色。翅褐色，具4个明显的黑斑。足较细长，黑色。

见于山区林地，多在碎石地面爬行。广布中国南方。

高山狭蝽

Dicranocephalus alticolus

半翅目　狭蝽科

体长约20毫米，黑色。头部细短，复眼较突出，两复眼后方具2个单眼。触角细长，黑白相间。体背及翅具较多细小刻点。足较细长，中、后足具小白斑。

见于海拔2800米的山区林地，多在灌木上停息。分布于西藏吉隆。

宽铗同蝽
Acanthosoma labiduroides

半翅目 同蝽科

体翠绿色，长约16毫米。触角青褐。头后方的前胸背板侧缘后部具钝角状突起，橙色，中部密布黑色刻点。小盾片较大，阔三角形，表面密布刻点，后部舌尖状。翅面前半部翠绿色，后半部茶褐色，半透明。腹侧缘外露，黄色。

见于海拔2800米的山区林地，多在灌木上停栖。分布于西藏吉隆。

蚁蛉

Myrmeleon sp.

脉翅目 蚁蛉科

　　形似蜻蜓，体细长，长约38毫米。头部三角形，复眼圆鼓，青绿色，触角棒状，粗短。体背及腹部灰褐色。翅柔软，透明，翅脉白色，端部较尖。足较短，细弱，白色具小黑斑。

　　见于海拔2800米的针叶林地，夜间活动，成虫有趋光性。幼虫会在河边遮阴处沙地挖圆锥形陷阱，捕食蚂蚁等小昆虫。分布于西藏吉隆。

高山小虎甲
Cylindera dromicoides

鞘翅目 步甲科

　　通体有暗金属光泽，长约12毫米。头顶红铜色，复眼突出，触角细短，头部前方有钳状的上颚，基部白色，端部黑色。鞘翅中部有黑色波浪形线纹，并密布不规则青铜色小刻点。足细长，各足股节具白色绒毛。

　　见于海拔2800米的针叶林地，白天在河边活动，爬行十分迅速，夜间会在叶片上睡觉。捕食蚂蚁等小昆虫。分布于西藏吉隆。

峰步甲

Carabus everesti

鞘翅目 步甲科

通体黑色，长约28毫米。头前伸，复眼突出，触角细长，头部前方有粗壮的上颚。前胸背板背面具一浅的中缝。鞘翅表面具较多细纵纹。足细长，各足胫节端部具细刺。

见于海拔2800米的针叶林地，夜间活动。捕食蚯蚓、蜗牛等小动物。分布于西藏吉隆。

瓦格大步甲

Carabus （Neoplesius） wagae

鞘翅目 步甲科

通体黑色，闪烁金属光泽，长约30毫米。头前伸，复眼突出，复眼旁有绿金属光泽。前胸背板侧缘加厚，背面具一浅的中缝。鞘翅表面具较多细纵纹，边缘有红金属光泽。足细长，各足胫节端部具细刺。

见于海拔约4500米的苔原地带，白天藏于石块下，夜间活动。捕食蚯蚓、蛾幼虫等小动物。分布于西藏亚东。

异猛步甲
Cymindis hingstoni

鞘翅目 步甲科

　　体红褐色，较扁，长约18毫米。头前伸，复眼黑褐。前胸背板侧缘略向上卷，背面具一浅的中缝。鞘翅短，末端平截，表面有较浅纵纹。足细长，黄褐色，具细刺。腹部末端外露。

　　见于海拔约5000米的流石滩地带，白天藏于石块下。捕食盲蛛、马陆等小型节肢动物。分布于西藏珠峰大本营。

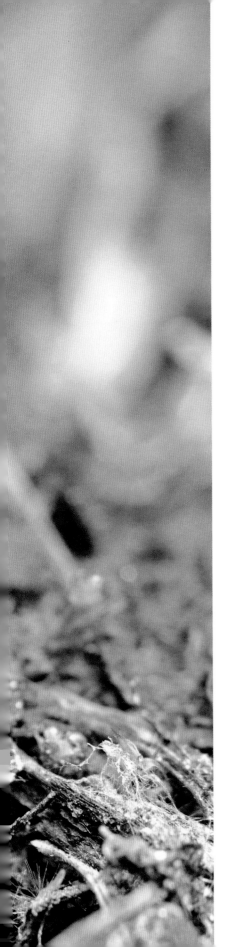

铜绿通缘步甲

Pterostichus aeneocupreus

鞘翅目 步甲科

  体有强烈金属光泽，长约15毫米。头与前胸背面闪烁绿金属色，触角细长。前胸背板背面的中缝较深。鞘翅有紫铜色，边缘金绿色，表面有较浅纵纹。足细长，黑色。

  见于海拔约4500米的草甸，白天藏于石缝中或牛粪下。中国西南高山广布。

娄步甲

Harpalus sp.

鞘翅目 步甲科

　　体长约15毫米，头部及前胸背板黑色，油亮。上颚较厚，复眼圆大，凸出，略显呆萌。前胸背板近方形，侧缘向上微卷。鞘翅黑色，纵脊刻纹明显。足部黄褐色。

　　见于山区路旁，夜晚尤其活跃，喜吃植物种子。广布中国南北。

亡葬甲

Thanatophilus **sp.**

鞘翅目 葬甲科

　　体黑色，较扁，长约18毫米。头下垂，触角细长，端部数节膨大。前胸背板像头盔，较隆起。鞘翅平直，表面有较浅纵脊。足较短，具黑色绒毛。

　　见于海拔3000米的溪流边，行动敏捷，擅飞，能迅速定位动物腐烂尸体。是重要的医学昆虫之一。分布于西藏吉隆。

窄胫隐翅虫

Trichocosmetes sp.

鞘翅目 隐翅虫科

体较细长，长约20毫米。头略下垂，触角分节明显，端部数节念珠状。头部宽度大于前胸背板。鞘翅极短，表面有白色绒毛。足较短，具黑色绒毛。腹部大部分外露。

见于海拔2800米的山区，行动迅捷，擅飞，常在溪边寻找腐食。分布于西藏吉隆。

伪斑芫菁
Pseudabris sp.

鞘翅目 芫菁科

　　体长约25毫米，头较宽，头与前胸背板黑色并有较长黑绒毛。触角较长，念珠状，黑色。鞘翅黑色，具有似油漆质地般的不规则红斑。腹部末端外露。足较细，黑色。

　　栖息于空旷荒漠及草原区，成虫在强光照下十分活跃。分布于西藏日喀则。

瘦斑芫菁

Mylabris macilenta

鞘翅目 芫菁科

　　体长约28毫米，头较宽，头与前胸背板黑色并有较长黑绒毛。触角较长，端部数节膨大，黑色。鞘翅黑色，具黑色绒毛，前、中、后分布有红条纹。

　　栖息于海拔约3000米的林缘草地，成虫喜吃鸢尾花瓣。分布于西藏吉隆。

条纹象
Merus sp.

鞘翅目 象甲科

体圆筒形，棕红色具白斑，长约20毫米。头部具一根粗且长的喙，似大象鼻子，故名"象甲"。触角曲折，末端略膨大。前胸背板背面有较多刻点及白色的细长形鳞片。鞘翅具数列断续刻点。足较细长，股节中部略有膨大。

栖息于海拔约2800米的林缘草地。分布于西藏吉隆。

喜马象
Leptomias sp.

鞘翅目 象甲科

　　体近圆筒形，略扁，黑色，具细小的暗蓝色鳞片，长约18毫米。头部的喙短粗，喙前端具较多绒毛，像个老爷爷。鞘翅略弯曲。

　　栖息于海拔约4500米的草甸，隐藏于石下，遇到危险时会缩手缩脚，一动不动，佯装死亡。分布于西藏亚东。

刺虎天牛
Demonax sp.

鞘翅目 天牛科

体近长筒形，长约20毫米。头部下垂，黑色，触角长度约为体长一半。前胸背板红色，似水桶形，鞘翅黑色，背面花纹土黄色，似"土"字形。足细长。

栖息于海拔约2800米的草甸，白天喜访花，擅于乘风飞行。分布于西藏吉隆。

马天牛
Hippocephala sp.

鞘翅目 天牛科

体近长筒形，棕色，略扁，长约30毫米。头部下垂，颜面具斜面。触角十分修长，长度约为体长4倍。前胸背板具白纹。鞘翅平直，具淡黑褐及白斑纹。足较细长。

栖息于海拔约2800米的林区，成虫夜间有趋光性。分布于西藏吉隆。

土天牛

Dorysthcncs sp.

鞘翅目 天牛科

　　体近短粗，红褐色，粗壮有力，长约50毫米。头部下垂，上颚特别发达，如两颗老虎牙。触角有锯齿，长度约为体长一半。前胸背板侧缘有微弱刺棘。鞘翅略弯曲，腹部腹面有金黄色绒毛。足较粗壮。

　　栖息于海拔约2800米的林区，成虫夜间有趋光性，擅于攀爬。分布于西藏吉隆。

绵天牛

Acalolepta sp.

鞘翅目 天牛科

　　体近长条形，灰色，较粗壮，长约45毫米。头部下垂，上颚较发达。触角细长，灰与白色相间，长度约为体长1.5倍。前胸背板侧缘有刺突。鞘翅在灯光照射下有土黄色反光。足较粗壮。

　　栖息于海拔约2600米的林区，成虫夜间有趋光性，擅于攀爬。分布于西藏吉隆。

喜山跳甲

Altica sp.

鞘翅目 叶甲科

体蓝紫色，有强烈金属光泽，微小，长约5毫米。头略下垂，触角细长，端部棕色。前胸背板略拱起。鞘翅略弯曲，表面有细微刻点。足蓝黑色，具绒毛，后足股节粗壮。

见于高山溪流边低矮灌木上，取食叶片，遇惊扰时会跳起逃跑。分布于西藏吉隆。

金斑龟甲

Cassida sp.

鞘翅目 铁甲科

　　体近椭圆，长约10毫米。头部短小，隐藏于头盔似的背板下。触角线形，端部略膨大。前胸背板与鞘翅黄色，边缘半透明，中部具黄金色泽。鞘翅表面密布较深刻点。足较短小，隐藏于鞘翅下。

　　栖息于海拔约2800米的山地林区，行踪不定，有时在灌木上作短暂停留。分布于西藏吉隆。

七星瓢虫

Coccinella septempunctata

鞘翅目 瓢虫科

成虫体长5.5毫米。身体卵圆形，背部拱起，呈水瓢状。整体如一个京剧脸谱，十分有趣。图为色斑变异的个体。七星瓢虫是迁飞性昆虫，成虫和幼虫的觅食行为属于广域搜索与区域集中搜索行为的转换。喜捕食蚜虫。广泛分布于亚洲。

十四斑食植瓢虫
Epilachna marginicollis

鞘翅目 瓢虫科

　　体近半球形，略扁，长约7毫米。头部短小，常缩于前胸背面下。触角细短，黄褐色。前胸背板前缘端部有黄褐斑。鞘翅黑色，左右翅各具7个黄色斑点。足细弱，黄褐色。

　　栖息于海拔约2600米的林区灌木上，喜食嫩叶。分布于西藏吉隆。

多异瓢虫
Hippodamia variegate

鞘翅目　瓢虫科

体近椭圆，略扁，长约5毫米。前胸背板黑色，前缘有白色斑纹，中部有2个小白斑。鞘翅红色，左右翅各具不规则较大黑斑。足细弱。

栖息于海拔约2600米的林区灌木或朽木上，爬行迅速，喜食蚜虫。分布于西藏吉隆。

六斑栉甲

Cteniopinus sp.

鞘翅目 拟步甲科

形似步甲，黄色，体长，略扁，长约15毫米。头部略向下垂，复眼黑色，触角细短。前胸背板宽度大于头宽。鞘翅基部黄色，中部烟黑色，左右翅共具6个黄色斑点。

栖息于海拔约2600米的林区灌木上。分布于西藏吉隆。

琵甲

Blaps **sp.**

鞘翅目 拟步甲科

　　体圆筒形，较胖，黑色，长约24毫米。头略向下垂，复眼后方区域有金黄色绒毛，触角端部数节念珠状。前胸背板近方形。鞘翅略拱起，末端稍尖锐，表面密布浅刻点。足细长，具黄褐绒毛。

　　见于海拔约5000米的流石滩地带，白天藏于石块下，爬行较迅速。分布于西藏珠峰大本营。

纹吉丁

Coraebus sp.

鞘翅目 吉丁科

　　体圆筒形，较细长，具强烈墨绿金属光泽，长约20毫米。头略短小，略向下垂。头与前胸背板连接紧密。鞘翅略拱起，密布细小刻点，后部具黑斑，末端具刺棘。足短小，常隐藏于腹下。

　　栖息于海拔约2700米的针叶林，遇到天敌时有假死性。分布于西藏吉隆。

吻红萤

Lycostomus sp.

鞘翅目 红萤科

体狭，较扁，长约13毫米。头部黑色，隐藏于背板下，触角锯齿形。前胸背板近梯形，前部外缘酒红色，中部黑色。鞘翅酒红色基部有黑斑，具明显的纵脊。足较短，黑色。

栖息于海拔约2800米的针叶林，午时活跃，擅飞。分布于西藏吉隆。

囊花萤
Malachius sp.

鞘翅目　花萤科

　　体小，扁平，长约8毫米。头部额头具较多绒毛，触角线形。前胸背板近方形，前部外缘略弯曲。鞘翅棕色，较短。腹部大部分外露。足细弱，棕褐色。

　　见于海拔约5200米的流石滩地带，白天藏于有垫状植物生长区域的石块下，爬行较迅速。分布于西藏珠峰大本营。

丽花萤

Themus sp.

鞘翅目 花萤科

　　体长约25毫米，宽约4毫米。头部方形，青铜色，触角线形，近复眼数节黄褐，其余黑色。前胸背板近长方形，橙黄色，中部具2个青铜色斑。鞘翅狭长，翅面青铜色，表面密布刻点。足较细长，黄褐色，跗节黑色。

　　栖息于海拔约3000米的针叶林，喜在开花的灌木上停留。分布于西藏亚东。

普氏拟深山锹

Pseudolucanus prometheus

鞘翅目 锹甲科

　　大型甲虫，黑色，长约45毫米。雄虫体壮，上颚突出弯曲似牛角，触角弯曲。前胸背板前缘有波浪形曲折，后缘平直。鞘翅光亮，足修长，爪锋利，前足胫节外缘有小锯齿。雌虫体小，上颚短小如犄角。图所示雄虫。

　　栖息于海拔约2800米的高山栎林区，成虫攀爬能力强，以树木伤口处溢液为食，有趋光性，幼虫以朽木为食。分布于西藏东南部及南部。

瑞奇大锹甲

Dorcus reichei

鞘翅目 锹甲科

　　大型甲虫，体扁，黑色，长约50毫米。雄虫上颚十分突出，内缘具齿，如兵器双戟。头及前胸背板长方形。鞘翅光亮，足修长，爪锋利，中、后足胫节上有细微黄绒毛。雌虫体小，上颚短小如犄角。图所示雄虫。

　　栖息于海拔约3000米的高山栎林区，成虫攀爬能力强，以树木伤口处溢液为食，有趋光性，幼虫以朽木为食。分布于西藏吉隆。

西藏细角刀锹甲

Dorcus yaksha

鞘翅目 锹甲科

中型锹甲虫，黑色，闪亮，体长约32毫米。头宽大于长，头顶微凸。上颚长约等于头长，基部上方具有一不明显齿突；唇基近方形，中部略凹陷，上着生浓密的黄毛。前胸背板宽大于长，前缘呈明显波曲状。鞘翅中部具有多条纵带，左右鞘翅前缘各有4~5 条纵凹线，边缘处具相当细小的刻点。

栖息于海拔约3000米的高山栎林区，成虫攀爬能力强，以树木伤口处溢液为食，有趋光性，幼虫以朽木为食。分布于西藏东南部及南部。

萨蜣螂

Copris sacontala

鞘翅目 金龟科

　　体尤其圆胖，敦实，长约28毫米。头部唇基扩展似一个铲子，头顶具较大的尖锐角突。前胸背板前部有数个瘤突，显得霸气外露。鞘翅宽短，黑色，具浅细纵纹。足粗短，常收缩，前足胫节有齿突，适于挖掘。

　　栖息于海拔约3000米的高山栎林区，成虫喜推粪球。分布于西藏吉隆。

短角云鳃金龟
Polyphylla edentula

鞘翅目 金龟科

体圆筒状，红褐色，背面具稀疏的云状白斑，长约35毫米。头部唇基方形，覆盖较多白色鳞片，雄虫触角端部特化成长片状，张开时如打开的折扇，富有美感。胸腹侧面具密集的黄白绒毛。足较长，胫节红褐色，跗节黑色。图所示雄虫。

栖息于海拔约2800米的针阔叶林区，成虫夜间活动，有趋光性。分布于西藏吉隆。

吉隆单爪鳃金龟

Hoplia gyirongensis

鞘翅目 金龟科

　　体椭圆，较扁，长约15毫米。头部覆盖较稀疏绿色鳞片。前胸背板及鞘翅表面具密集的绿圆形小鳞片，侧面具较长纤毛，腹部末端平截。足黑色，前足胫节端部具2突齿，后足较长，爪单片。

　　栖息于海拔约2800米的林区边缘的灌木丛中，成虫阳光下特别活跃。分布于西藏吉隆。

黑蜉金龟

Aphodius sp.

鞘翅目 金龟科

体长约8毫米，通体乌黑，少光泽。头部唇基宽阔，像一个小铲子，触角端部3鳃片。前胸背板短阔，略拱。鞘翅沟纹微弱，足较短，具微刺。

栖息于海拔4500米的苔原地带，成虫白天躲于牛粪中，夜间活动，食腐性。分布于西藏亚东。

蓝跗珂丽金龟
Callistopopillia iris

鞘翅目　金龟科

　　体长约12毫米，通体有琉璃的虹彩，并有强烈金属光泽，如宝石般璀璨夺目。头部唇基较窄，触角端部3鳃片。前胸背板短阔，略拱。鞘翅细微刻点按照纵纹排列，足较短，前足胫节端部仅有1较钝突齿。

　　栖息于海拔2800米的山区灌木中，成虫白天活动，喜食叶片。分布于西藏亚东。

毛臀弧丽金龟
Popillia nitida

鞘翅目 金龟科

体长约12毫米，通体有金属光泽。头部及前胸背板金绿色，唇基较窄，雌虫触角较粗，雄虫触角细短。鞘翅棕色，细微刻点按照纵纹排列，足较短，前足胫节端部有2突齿。

栖息于海拔3200米的山区灌木中，成虫白天活动，喜食叶片。分布于西藏吉隆。

红背弧丽金龟

Popillia sp.

鞘翅目 金龟科

体长约9毫米，略扁胖。头、前胸背板及小盾片有红铜色金属光泽，触角端部3鳃片。鞘翅黄褐色，沟纹微弱。腹侧具白色毛簇。后足较长，有金属光泽，内侧面具较长白绒毛。

栖息于海拔2800米的山区灌木中，成虫白天活动，成虫取食多种农作物如土豆、玉米、花生等叶片。分布于西藏东南部及南部。

草绿彩丽金龟
Mimela passerinii

鞘翅目 金龟科

体形似一颗大绿豆，长约18毫米，通体草绿色，具金属光泽。眼前方有突出的刺棘保护复眼，唇基前缘红色。前胸背板及鞘翅密布细微刻点。腹侧具密集黄白色绒毛。足黑色，较长，前足胫节端部有1突齿。

栖息于海拔3000米的山区，成虫夜间有趋光性。分布于西藏亚东。

亮条彩丽金龟
Mimela pcctoralis

鞘翅目 金龟科

体与草绿彩丽金龟相近，长约15毫米，金绿色，具强烈金属光泽。眼前方有突出的刺棘保护复眼，唇基前缘及前胸背板侧缘黄褐色，鞘翅密布细微刻点。腹侧具密集黄褐色绒毛。足黄褐色，前足胫节端部有较微弱的2突齿。

栖息于海拔2800米的山区，成虫夜间有趋光性。分布于西藏吉隆。

月唇异丽金龟
Anomala luniclypealis

鞘翅目　金龟科

　　体圆筒形，长约18毫米，黄褐色具黑斑。眼前方有突出的刺棘保护复眼，唇基较短，前缘有黄斑。前胸背板表明有较粗的"T"形斑纹。鞘翅具淡褐斑，沟纹刻点较深。腹侧具密集黄褐色绒毛。足细长，黄褐色具黑斑，前足胫节端部有1突齿。

　　栖息于海拔3000米的山区，成虫夜间有趋光性。分布于西藏亚东、吉隆。

隆金龟
Bolbocerodema sp.

鞘翅目 隆金龟科

　　体长约20毫米，半球形，黄褐色。头部上颚较发达，像两颗小牙外露，头顶具一个似犀牛的小角，两复眼上方具黄褐色纤毛，像长长的睫毛。前胸背板前部具4个角突，侧缘向下扩展，具一黑斑。鞘翅纵沟纹路明显，后部黑色。

　　栖息于海拔约2800米的山区，成虫夜间有趋光性、腐食性。分布于西藏吉隆。

普大蚊

Tipula（*Pterelachisus*）**sp.**

双翅目 大蚊科

形似一只巨型蚊子，体长约27毫米。头部半球形，复眼较大，几乎占据头部的一半。中胸背板略隆起，土黄色。腹部细长，黄褐色，末端尖锐。前翅狭长，可折叠覆盖腹部。后翅特化成平衡棒。足十分细长，黑色，具黄斑。

栖息于海拔约3000米的山地林区，成虫不吸血，喜吸吮花蜜。分布于西藏亚东。

短柄大蚊
Nephrotoma sp.

双翅目 大蚊科

体长约15毫米，大型蚊类。头部略下垂，黄色，复眼黑色，突出。中胸背板黄色有黑色条纹。腹部背板带黑色横纹。足十分细长，黑褐色。翅膀透明，有金属光泽。

栖息于海拔约3500米的山地林区，成虫不吸血，喜在潮湿区域的灌木上活动。分布于西藏亚东。

艾大蚊

Epiphragma sp.

双翅目 沼大蚊科

　　体长约10毫米，大型蚊类。头部复眼灰绿色，较突出。体黄褐色，胸背面具淡褐色条纹。翅仅一对，狭长，透明，茶褐色并布满不规则的黑褐斑。足十分细长，褐色，易脱落。

　　栖息于海拔约3000米的潮湿林区，幼虫生活于朽木中，成虫访花，不吸血。分布于西藏亚东。

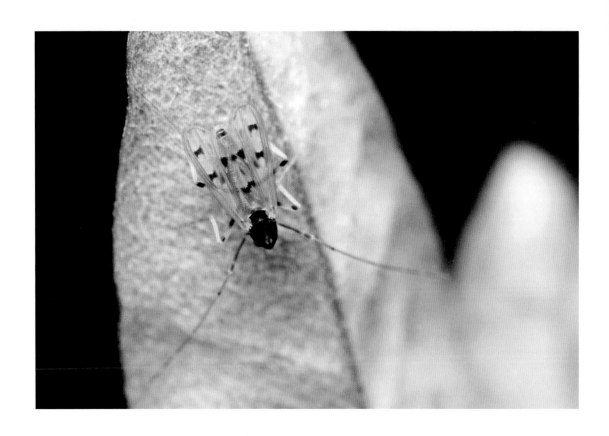

齿斑摇蚊
Stictochironomus sp.

双翅目 摇蚊科

　　小型蚊类，通体黑色，体长约6毫米。胸背面隆起，如驼背状。翅一对，透明，近中部有小黑斑。雄虫触角羽毛状，雌虫丝状。足较细长，淡黄色，具黑斑。图所示雄虫。

　　栖息于海拔约3000米的潮湿林区，成虫有趋光性，常于灯光下高举前足，并左右摇摆。分布于西藏亚东。

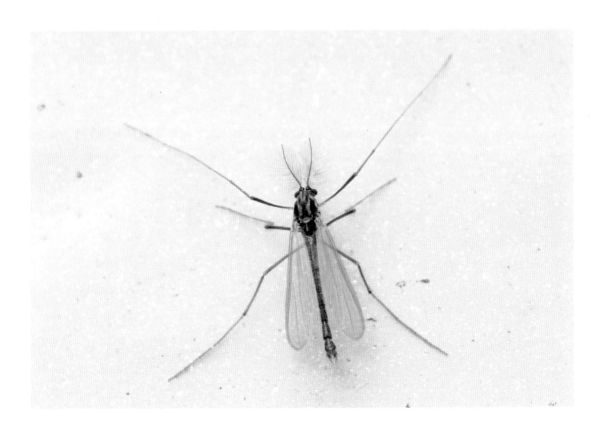

小突摇蚊

Micropsectra sp.

双翅目 摇蚊科

  小型蚊类，通体灰色，体长约7毫米。胸背面略隆起，侧缘具黑斑。翅一对，透明。足较细长，前足最长。图所示雄虫。

  栖息于海拔约3000米的潮湿林区，幼虫生活在水中，有一定耐污性。成虫趋光，常于灯光下手舞足蹈。分布于西藏亚东。

趋流摇蚊

Rheocricotopus sp.

双翅目 摇蚊科

　　小型蚊类，通体黑色，体长约7毫米。胸背面略隆起。翅一对，透明。足较细长，灰色，各足胫节有白斑。图所示雄虫。

　　栖息于海拔约3000米的潮湿林区，幼虫生活在水中，有一定耐污性。夜晚成虫从水面羽化常飞于灯下晾干翅膀。分布于西藏亚东。

寡角摇蚊
Diamesa sp.

双翅目 摇蚊科

　　小型蚊类，体长约6毫米。胸背面略隆起。翅一对，透明，翅基部有一明显的直角。足较细长，灰色。雄虫触角羽毛状且前胸部暗橙色，雌虫触角丝状，胸部黑灰色。图所示雌虫。

　　栖息于海拔约5200米的溪流湿地，幼虫生活在冰水中，有一定耐冻性，资料记载其分布海拔可达6000米，是目前已知分布海拔最高的昆虫。分布于西藏珠峰大本营。

岭斑翅蜂虻

Hemipenthes montanorum

双翅目 蜂虻科

形似蜂又似苍蝇，体长约12毫米。体背黑褐，密布黄褐色微小绒毛，胸部侧缘具白绒毛。腹部近中部有一白绒环纹，末端绒毛偏白。翅狭长，前半部黑色，后半部半透明。

栖息于海拔约4000米的林区，成虫喜阳光，常于土路或沙地上停栖。分布于西藏亚东。

长喙蜂虻

Bombylius sp.

双翅目 蜂虻科

　　外形似蜂，胖乎乎，毛茸茸，如同身披一件羽绒外衣。体长12~14毫米。头部具细长的针管状的口器，复眼较大，紫色。翅透明，翅前半部琥珀色。腹部末端绒毛黄白色。足细长，灰褐色。

　　栖息于海拔约4500米的湿地草原，成虫喜访花。分布于西藏日喀则。

瘤虻
Hybomitra sp.

双翅目 虻科

体长约16毫米，形似大苍蝇。头部触角较尖，复眼大，虹彩色，如戴着一副墨镜。中胸背板黑色，表面绒毛稀疏，侧方密布黄褐色绒毛。翅半透明，具不规则烟褐色斑纹。腹部黑色，第2~6节有金黄色绒毛。足细长，黑色。

栖息于海拔约2800米的山区林地，成虫常于河边活动，会刺吸哺乳类动物的血液。分布于西藏吉隆。

急躁食虫虻
Neoitamus sp.

双翅目 食虫虻科

　　体狭长，长约32毫米。头部几乎被复眼占据，触角分叉状。胸部表面略隆起，黑褐色，具较长鬃毛。腹部前部大部分灰色，后部数节黑色。足细长，股节黑色，胫节黄褐色，跗节多黑色，足各节都有较长的稀疏鬃毛。

　　栖息于海拔约2800米的山区林地，成虫在林间灌木中活动，伺机捕食小飞虫如苍蝇、叶蝉等。分布于西藏吉隆。

茶色食虫虻
Eutolmus sp.

双翅目 食虫虻科

　　体狭长，长约23毫米。复眼大，灰褐色。中部表面隆起，黑色，覆长短不一的绒毛，侧缘灰色。翅半透明，翅脉清晰，茶褐色，稍微具虹彩色。腹部细长，宽度逐节递减。足细长，具刺毛，股节及跗节黑色，具褐色鬃毛。

　　栖息于海拔约3000米的潮湿山区林地，成虫常栖于灌木丛，飞行快速，能于空中精确捕捉小型昆虫。分布于西藏亚东。

斑眼蚜蝇
Eristalinus sp.

双翅目 蚜蝇科

体圆筒形，似蜜蜂，长约13毫米。头宽于胸部，复眼相对较大，红棕色具黄色斑纹。胸部黄褐色，表面具黑纹，侧缘绒毛密集。翅透明，稍有茶褐色。腹部短粗，具黄色横带。

栖息于海拔约2800米的潮湿山区林地，成虫常栖于灌木丛，喜访花，拟态蜜蜂形色迷惑天敌。分布于西藏吉隆。

短腹管蚜蝇
Eristalis arbustorum

双翅目 蚜蝇科

体圆筒形，似蜜蜂，长约15毫米。头宽于胸部，复眼黑褐色。胸部灰色，表面具黑宽横纹，侧缘绒毛密集。翅透明，基部茶褐色。腹部短粗，黄色，前部具一"工"字形黑纹。

栖息于海拔约2800米的潮湿山区林地，成虫常栖于灌木丛，喜访花，拟态蜜蜂形色迷惑天敌。分布于西藏吉隆。

长角沼蝇
Sepedon sp.

双翅目 沼蝇科

　　体瘦，长约13毫米。头部复眼红褐色，具紫斑纹，触角如牛角状突出。胸部灰色，侧缘红褐色。翅透明，茶褐色。腹部短粗。足细长，股节黄褐色，其余褐色。

　　栖息于海拔约2800米的潮湿山区林地，成虫常栖于水池边的草地上。分布于西藏吉隆。

绿蝇
Lucilia sp.

双翅目 丽蝇科

　　体绿色，有强烈金属光泽，长约13毫米。头部复眼红褐色，眼前颜面有银白色绒毛。额头及胸部背面具较长鬃毛。翅透明，淡烟色。腹部短粗。足细长，黑色，密布刺毛。

　　栖息于山区林地，幼、成虫都为腐食性，对尸体气味尤其敏感，是重要的医学昆虫。分布于中国南北地区。

地种蝇
Delia sp.

双翅目 花蝇科

　　体黑色，瘦弱，长约10毫米。头宽于胸，头部复眼相对较大，红褐色，眼前颜面有银白色绒毛。胸部背面具较长鬃毛。翅透明，淡烟色，有虹彩光泽。足细长，黑色，具较长纤毛。

　　栖息于海拔约3000米的山区潮湿林地，成虫喜访花。分布于西藏亚东。

海花蝇
Fucellia sp.

双翅目 花蝇科

　　体灰黄，瘦弱，长约9毫米。头部复眼相对较大，红褐色，额头较宽阔。额头及胸部背面具较长鬃毛。翅透明，淡灰黄色。足细长，黑褐色，具较长刺毛。

　　栖息于海拔约5200米的苔原地带，成虫喜访花，遇到大风时会躲于大石块处避风。分布于西藏珠峰大本营。

广口蝇
Platystoma sp.

双翅目 广口蝇科

　　体较胖，长约12毫米。头部相对较大，宽于胸。复眼大，红褐色及虹彩色。额头较宽阔密布微小绒毛。胸部背面灰色，具黑斑，侧缘有较稀疏的鬃毛。翅透明，淡灰色，具较多黑色斑点。足细短。

　　栖息于海拔约2800米的山区潮湿林地，成虫喜食树伤口溢出的汁液。分布于西藏吉隆。

长足寄蝇
Dexia sp.

双翅目 寄蝇科

　　体瘦弱，黑白相间，长约9毫米。头部复眼相对较大，红褐色，颜面灰白。额头及胸部背面具较长鬃毛。翅透明，淡茶褐色。足修长，黑褐色，具刺毛。腹后部背面的刺毛近直立。

　　栖息于海拔约2800米的山区林地，成虫喜在有牛羊的区域活动，食腐性。分布于西藏吉隆。

星弥尺蛾
Arichanna flavinigra

鳞翅目 尺蛾科

　　中型蛾类，翅展约50毫米。体煤灰色，雄虫触角像一把梳子，雌虫则呈一丝线形。前翅煤灰色，具污黄色斑，后翅黄色，有均匀分布的黑色圆斑。图所示为雄虫。

　　栖息于海拔约2800米的山地林区，遇到危险时会展开后翅，露出鲜明的色彩。分布于西藏吉隆。

青尺蛾
Chlorissa sp.

鳞翅目 尺蛾科

小型蛾类，翅展约32毫米。体及翅青绿色，触角丝线形，白色。前翅三角形，翅前缘黄褐色，中部及近外缘处各有一色较淡的白线纹。后翅三角卵形，底缘外侧有一钝三角形突起。腹部背面具褐色斑点。

栖息于海拔约3000米的潮湿林区，停栖时翅展开。分布于西藏亚东。

西藏枯叶钩蛾

Canucha duplexa

鳞翅目 钩蛾科

　　中型蛾类，翅展约45毫米。体呈枯叶黄，具褐斑。前翅端部的顶角弯曲似钩状，翅中部有一灰色细横纹横跨翅面，后翅色淡，基部有一较大的灰色斑块。

　　栖息于海拔约3000米的潮湿林区，停栖时翅展开。分布于西藏亚东。

黑环陌夜蛾
Trachea melanospila

鳞翅目 夜蛾科

中型蛾类，翅展约35毫米。体及翅膀色彩似苔藓或地衣，黄绿相间并杂有灰褐色碎斑。前翅窄三角形，翅外缘有波浪形锯齿。后翅灰色。

栖息于海拔约3000米的潮湿林区，停栖时翅合拢平铺于体背上。分布于西藏亚东。

冬夜蛾

Dasypolia sp.

鳞翅目 夜蛾科

　　中型蛾类，翅展约33毫米。体褐色，头、胸及前翅基部具密集较蓬松的黑色绒毛。前翅窄三角形，翅外缘有浅色绒毛。

　　栖息于海拔约5000米的碎石地带，停栖时翅合拢且左右翅交错平铺于体背上。白天隐藏于石块下。分布于西藏珠峰大本营。

弥黄毒蛾
Euproctis dispersa

鳞翅目 毒蛾科

中型蛾类，翅展约30毫米。体黄色，头、胸及足具密集较蓬松的黄色绒毛，绒毛易脱落。前翅三角形，翅中部具较大面积的褐色斑纹。翅外缘有黄色绒毛。

栖息于海拔约3000米的潮湿山林，停栖时翅合拢斜立于体背上。分布于西藏亚东。

黑带污灯蛾
Spilarctia leopaldina

鳞翅目 灯蛾科

中型蛾类，翅展约40毫米。头和胸具密集较蓬松的橙黄色绒毛，胸背面具3条较粗的由绒毛组成的黑纹。前翅三角形，翅淡黄色，密布较多黑斑，翅外缘有黄色绒毛，后翅红色具黑斑。栖息于海拔约2700米的潮针叶林，停栖时翅合拢斜立于体背上。分布于西藏吉隆。

仿首丽灯蛾
Callindra equitalis

鳞翅目 灯蛾科

中大型蛾类，色彩艳丽，翅展约65毫米。头顶红色具黑斑，触角黑色，颈板黑色红边。胸背面黑色具较粗的由黄色绒毛组成的条纹。前翅底色墨绿色有闪光，翅前缘有黄色斑宽，翅面具有浅黄色近圆形黄白色或橙色斑纹。

栖息于海拔约2700~3600米的针阔叶林，停栖时翅合拢平铺于体背上。分布于西藏东南和南部。

桦木珠天蚕蛾
Saturnia（Rinaca）lindia

鳞翅目 天蚕蛾科

　　大型蛾类，翅展约110毫米。头部触角像松树枝叶，也像小天线。胸部背面红褐色，腹部粗壮，灰色。前翅近等边三角形，宽阔，灰黄，中部具一中心黑色的红褐眼斑，眼斑内有一显著的银色月牙纹。眼斑外侧有一列波状黑色细纹。后翅淡红色，中部也有类似前翅的眼斑。

　　栖息于海拔约2800米的针阔叶林，停栖时翅平展。分布于西藏吉隆。

金裳凤蝶
Troides aeacus

鳞翅目 凤蝶科

　　大型蝴蝶，翅展约160毫米。头胸黑色，腹部金黄色具黑斑。前翅长三角形，黑褐色，后翅三角卵形，金黄色，显得华丽富贵，翅中部及底缘有三角形或椭圆形黑斑。后翅反面基部有红斑。

　　栖息于热带或亚热带中、低海拔林区，成虫常在雨后水边的沙地上或花丛中飞舞。广布中国亚热带、热带地区。本次考察中偶然在小吉隆海拔2800米的针阔叶林区发现，当它在经幡下飞舞时显得十分扑朔迷离，它难道是被一阵风吹到如此高的地方？

橙黄豆粉蝶 （西藏新记录
Colias fieldii

鳞翅目 粉蝶科

　　中型蝴蝶，翅展约45毫米。头部及触角背面粉红色。前翅三角形，后翅椭圆形。前、后翅正面橙红色，翅缘有黑褐色宽带；反面黄色，前翅反面前缘中部具一内心白色的黑斑，后翅中部具一银白色大圆斑，其上有一微小白斑。足细长，黄色，后足股节、胫节背面粉红色。

　　常见于草甸、农田，成虫白天活动，喜访花，停栖时翅束起。广布于中国中、西部及西南，见于西藏东南及南部。

黑边粉蝶
Pieris melaina

鳞翅目 粉蝶科

中型蝴蝶，翅展约40毫米。头部及胸背面具灰色绒毛。前翅三角形，后翅三角卵形。前、后翅正面白色，翅脉黑色，清晰可见，翅缘黑褐色；反面后翅基部黄色，沿着翅面形成较粗的黑纹。

栖息于海拔约4500米的草甸或小灌木中。成虫白天活动，喜访花。分布于西藏亚东。

虎斑蝶
Danaus genutia

鳞翅目 蛱蝶科

中型蝴蝶，翅展50毫米，整体有虎的色彩与斑纹。胸部黑色具白色斑点，腹部橙色。前翅橙红色，翅脉黑色，清晰，近外缘区域有白色带斑，后翅色彩似前翅无白斑。

栖息于热带或亚热带中、低海拔林区，以成虫方式越冬，幼虫以有毒植物为食。广布中国亚热带、热带地区。本次考察中在小吉隆海拔3100米的开阔草甸上发现一只飞行迅速的个体，推测为虎斑蝶。

侧斑瞿眼蝶
Ypthima parasakra

鳞翅目 蛱蝶科

　　体中型，展翅约38毫米。前后翅反面黄色具鱼鳞状褐色至锈褐色斑纹，前翅端部眼斑具2白心，底黑，外环黄色。后翅前缘眼斑似数字"8"形，色彩与前翅相近，底缘具同心圆斑2个。

　　栖息于海拔约2800米的林间道边灌木丛中。分布于西藏吉隆。

珠蛱蝶
Issoria lathonia

鳞翅目 蛱蝶科

　　中型蛾类，翅展约40毫米。头和胸具密集较蓬松的橙黄色绒毛，胸背面具3条较粗的由绒毛组成的黑纹。前翅三角形，翅淡黄色，密布较多黑斑，翅外缘有黄色绒毛，后翅红色具黑斑。

　　栖息于海拔约2700米的潮针叶林，停栖时翅合拢斜立于体背上。分布于西藏吉隆。

荨麻蛱蝶
Aglais urticae

鳞翅目 蛱蝶科

翅展约55毫米。触角黑色，端部淡橙色，身体背面密布黑褐绒毛。前、后翅正面橙红色，前翅近前缘部有三个长条形黑褐斑，翅外缘褐色；后翅基部褐色，底缘褐斑上有一排紫色小斑。

栖息于海拔约2800米的山区林间。成虫白天喜在湖边潮湿泥地里吸吮矿物质，停栖时四足着地，飞行迅速。广布于中国北方、西南山地及青藏高原。

红灰蝶

Lycaena phlaeas

鳞翅目 灰蝶科

　　小型蝴蝶，翅展约28毫米。触角黑色，各节具小白环。前翅正面橙红色，中部具黑斑点，外缘黑褐色；后翅大部分褐色，底缘橙红色伴有黑斑点。反面灰色具黑斑。

　　栖息于山地林区，阳光下活跃，喜在开阔草甸访问花朵。广布于中国北方及西藏高原。

琉璃灰蝶

Celastrina sp.

鳞翅目 灰蝶科

小型蝴蝶，翅展约26毫米。触角细短，黑色具白环纹。胸部背面绒毛蓝灰色。前、后翅正面蓝紫色，有光泽，雌虫褐色；雄虫后翅反面灰白色，具数个黑色斑点，翅基具青色金属光泽。

栖息于海拔约2900米的山地林区，阳光下喜在小溪流边吸吮矿物质。分布于西藏吉隆。

斑眶短角叶蜂

Tenthredo felderi

膜翅目 叶蜂科

体长约16毫米，体黑黄相间。头部宽，头顶黑褐色，有金属光泽。触角细短，腹面黄色，背面黑色。前翅半透明，茶褐色。足细长，股节及胫节黑黄相间，前、中足跗节黄色，后足跗节褐色。

栖息于海拔约3000米的山地林区，成虫活动于灌木花丛中。分布于西藏亚东。

短角叶蜂

Tenthredo sp.

膜翅目 叶蜂科

　　体长约15毫米，体绿色，背面具黑斑。头部宽，复眼大而突出。触角细短，黑色。上颚较强壮。翅半透明，具淡褐色。足细长，股节黑绿色，胫节及跗节青黑色。

　　栖息于海拔约3000米的湿润山地，成虫活动于草丛或灌木丛中，常停栖于花上伺机猎取小型昆虫。幼虫植食性。分布于西藏亚东。

蓝背环角叶蜂
Tenthredo angustiannulata

膜翅目　叶蜂科

体长约20毫米，体红褐色。头部宽，复眼大而突出，触角细长，色彩较丰富，端部黑色，中部白色，基部红褐色。胸背面红褐色具黑斑。翅半透明，茶褐色。足细长，后足股节黑色。

栖息于海拔约3000米的湿润山地，成虫活动于灌木丛中，停栖时触角常上下摆动。分布于西藏亚东。

弱蓝金叶蜂
Metallopeus clypeatus

膜翅目 叶蜂科

体长约30毫米，体暗绿色，有强烈金属光泽。头部宽，复眼大而突出，红褐色，触角细短。胸背面沟纹明显，似肌肉显得强壮有力。翅蓝绿色，在光不同角度照射下呈现出琉璃色彩。足细长，股节端部有细刺。

栖息于海拔约3000米的湿润草甸，成虫喜在灌木丛中低飞，行动十分机警。分布于西藏吉隆。

猛熊蜂
Bombus difficillimus

膜翅目 蜜蜂科

　　工蜂体粗壮密布绒毛，长约35毫米，头部黑色，触角细短。胸部绒毛前后缘及后缘黄白色，中部黑色。翅半透明，褐色。腹部前半部黄白色，后半部黑色。足粗壮，黑色，跗节有黄褐色绒毛。

　　栖息于海拔约2800米的湿润山林，成虫喜在晴天时访花采蜜。飞行时有较大声响。分布于西藏吉隆。

西藏盘腹蚁

Aphaenogaster tibetana

膜翅目 蚁科

工蚁体长约6毫米，头部近方形，表面具皱纹，触角灰褐色。并胸腹节后部具显著短刺2根。腹部椭圆形，表面具稀疏斜立的细毛。足褐色。

繁殖蚁具翅，上颚较发达，有细齿。

栖息于高山草甸及针叶林区，在石块下、植物根部形成蚁巢，每巢有数百到5000个个体。分布于西藏吉隆。

两栖、爬行动物

喜马拉雅高山区的"两爬"动物

生活在喜马拉雅高山区的两栖和爬行动物，受世界上最雄伟山脉的影响，适应性比较特殊，具有明显的区域特征，较多的物种属于喜马拉雅山特有种，身体的基因里深深打上了喜马拉雅的烙印。

高山区西部海拔高，气候干燥而寒冷，仅发现一种生存于海拔3000~4500米、广布青藏高原的蛙类——高山倭蛙（*Nanorana parkeri*）；而东部气候温和，雨量充沛，森林密布，植物繁多，较适宜两栖及爬行动物生存，在海拔约3500米的山溪上游分布着罕见的锡金齿突蟾（*Scutiger sikkimensis*）。由于受山地地理隔离影响，在当地海拔700~2800米常见的蟾蜍则为喜山蟾蜍（*Duttaphrynus himalayanus*），在国内仅见于吉隆的南亚岩蜥（*Laudakia tuberculata*）。

高山倭蛙
Nanorana parkeri

蛙科 倭蛙属

　　成体长约4厘米，头宽略大于头长，吻端圆，无鼓膜。皮肤较粗糙，背部有长短不等的窄长疣粒，断续成行状。背面棕褐色或灰棕色，其上散布深色斑，腹面土黄色有灰棕色斑点。雄性无声囊，不会鸣叫。

　　生活于海拔2800~4700米的湖泊、水塘沼泽及山溪缓流处，多隐藏于水草丛中或石下，以昆虫为食，夏季繁殖。见于西藏东部和南部。

锡金齿突蟾
Scutiger sikkimensis

角蟾科 齿突蟾属

体形偏中小型，棕褐色有黑斑，体长约55毫米。头长小于头宽，吻端较钝，眼后方的腺体较小。前肢短，趾端球状，后肢趾间无蹼。头背面较光滑，体背面的皮肤粗糙，具大小不等的稀疏疣粒，四肢较短有黑褐色小斑。腹面肉紫色，有浅褐色网状小斑。

栖息于海拔约2600~4200米的山溪上游，或泉水浅坑内，周围森林湿润而茂密。成体白天隐藏于石下或朽木下，夜晚外出觅食活动。分布于西藏亚东、错那和聂拉木。

喜山蟾蜍
Duttaphrynus himalayanus

蟾蜍科 头棱蟾属

成体体中型，体长约90毫米，皮肤土黄色杂有淡褐斑，粗糙，背面瘰粒圆形，大小不等浅灰棕色。吻端较钝，头长小于头宽，眼后有较大腺体，四肢较短，表面有微小疣粒。

生活于海拔约700~2900米的山地或农田、湖泊环境。森林茂密山区，夏季夜晚雄蟾集群隐匿于小型溪流边的灌木叶片上鸣叫，较难发现，鸣声清脆如"嘎吱"。图所示雄蟾。分布于西藏吉隆和聂拉木。

南亚岩蜥
Laudakia tuberculata

鬣蜥科 岩蜥属

　　成体头体长约122毫米，尾长约146毫米。躯体平扁，头略呈三角形。头部鼓膜较大，略近圆形，鼓膜直径略小于眼径。颈背具极矮小的刺鳞，四肢较粗壮。躯干背面及体两侧棕褐色分散有多数黄色圆点状星斑。雄蜥喉部蓝色，带有亮斑。

　　生活于海拔约2800米的峡谷岩石洞穴或石缝中，善于攀爬岩壁，会捕食蚂蚁、蝴蝶等昆虫，喜在突起的岩石上晒太阳。分布于西藏吉隆。

出版后记

珠峰下的绿绒蒿

喜马拉雅，是世界上海拔最高的山脉。其主峰珠穆朗玛峰，更是世界最高峰，被誉为"世界之巅"。珠峰虽然高冷神秘，但其高大巍峨的形象却在全世界鼎鼎有名。海拔8844.43米的珠峰，周围群峰林立，层峦叠嶂，沟谷纵横。随着海拔的逐级下降，生物的多样性开始以垂直渐进的方式在生命的禁区悄然怒放。然而，珠峰之下的生灵万象，对于全世界来讲，都是一个巨大的未知。

为了填补这一世界的空白，我的老朋友罗浩先生于2010年发起成立了西藏唯一一家致力于生物多样性考察的影像调查机构——西藏生物影像保护（TBIC）。10年来，罗浩先生率领TBIC专家团队通过"生物影像调查"的方式，持续实践着"环喜马拉雅生物影像调查计划"，分别在雅鲁藏布大峡谷及周边、巴松措及周边、鲁朗及周边、察隅县墨脱县、阿里神山圣湖及周边、珠峰周边等开展了9次野外生物多样性实地科学考察与影像拍摄，并陆续结集出版了"环喜马拉雅生态观察丛书"，包括《生命记忆：西藏巴松措与鲁朗生物多样性观测手册》《山湖之灵：西藏冈仁波齐与玛旁雍错生物多样性观测手册》《雅鲁藏布的眼睛：大峡谷生物多样性观测手册》等具有生物科考和研究价值的科普类图书。这套系列图书一经推出就获得业界和读者的广泛好评，著名作家阿来、马原，青藏高原生态研究所创始人徐凤翔教授及中科院植物所李渤生教授等都给予了高度评价，并倾力推荐。

近期，大家期待已久的又一新作《世界之巅》终于出版了，本书不仅丰富了"环喜马拉雅生态观察丛书"的内容，更是标志着罗浩先生及TBIC专家团队在世界生物影像调查领域的重大突破。

《世界之巅》重点关注的是珠峰以及周边的绒布沟、嘎玛沟、吉隆沟、亚东沟、错那沟等。由于本书所涉及的考察范围涵盖了海拔1000~6200米的巨大落差，而且本次调查均是围绕世界之巅——珠峰展开，所以就顺理成章地用了"世界之巅"这四个沉甸甸的大字。

如果说在世界上海拔最高的喜马拉雅山脉进行生物影像调查本身就是一次冒险，那么在其主峰珠穆朗玛峰周边进行调查就更是难上加难。尽管困难和危险接踵而至，但本次考察却成果异常丰硕。

2018年7月7日，TBIC专家团队首次在中国境内的中尼边境朗吉错垭口发现并记录到亚洲胡狼，这次发现被新华社及英国广播公司（BBC）、美国《国家地理》杂志等外媒广泛报道。

TBIC本次考察的另一重大成果就是发现了8个绿绒蒿新种或新影像记录。绿绒蒿被欧洲人统称为"喜马拉雅罂粟"，更被推崇为"世界名花"，是西方植物猎人100多年前在东方探险时的重要目标。按《中国植物志》（2013年）英文修订版（FOC）记载，绿绒蒿属共54种，中国就有43种。因此，中国西南和环喜马拉雅地区是当之无愧的世界绿绒蒿属分布的中心。绿绒蒿薄如蝉翼的花瓣、多姿的高原色彩、炫目的丝绸般光泽，以及顽强的生命力，成就了它在花卉世界中的不二高度和境界，也成为了喜马拉雅的象征。

我完全能够理解老友罗浩带领TBIC专家团队在海拔5200米的老绒布寺附近苦守4天，就为了等待珠穆朗玛峰清晰地露出尊容，以便拍摄一张令人生没有遗憾的"珠峰下的绿绒蒿"照片。按下快门后，在众人的欢呼声中，他一个人悄悄躲回到越野车里，抱头痛哭！

是什么能令一位身高1.9米的铁汉痛哭流涕？是喜极而泣吗？是疲劳吗？是委屈吗？是危险吗？是恐惧吗？是被人伤害吗？是不被人理解吗？可能都是，也可能都不是。10年来的风餐露宿，10年来的血雨腥风，如果不是曾经有过许多次与老友罗浩类似的雪域高原的实地考察探险经历，我是无论如何也想象不出一位温文尔雅的摄影家，却又在金戈铁马之后躲在珠峰山脚饮泣。

我知道，在老友罗浩的心中，这本《世界之巅》并不是他"环喜马拉雅山脉生物多样性调查"的终结，而只是一个阶段性成果。在他的眼中，我分明看出他的目光已经投射到了珠峰的南坡，印度、尼泊尔、不丹……

感谢老友罗浩及 TBIC 专家团队，你们的《世界之巅》终于让全世界看到，珠峰除了是一座因海拔与攀登而闻名的世界之巅，更是一座生物多样性与生命顽强性的世界之巅。

珠峰下的绿绒蒿，并不仅仅是一株青藏高原的罂粟科野花，在我的心中，那更像我的老友罗浩，高挑而优雅，顽强而不挠。

榜样文旅董事长　苏洪宇

2019 年 11 月 16 日于深圳湾

主创团队简介

主编　罗浩

探险家，西藏生物影像保护（TBIC）创始人。

　　纪录片《垂直极限》《阿里·金丝野牦牛》执行导演，纪录片《大草原》——西藏部分导演。西藏摄影家协会副主席。曾任《西藏人文地理》杂志执行主编。"环喜马拉雅生态观察丛书"主编。2010年创办西藏生物影像保护（TBIC）非政府机构。10年来在西藏雅鲁藏布大峡谷、巴松措、鲁朗、阿里神山圣湖、察隅、墨脱、珠穆朗玛峰、亚东、吉隆、嘎玛沟等地组织开展生物多样性调查，立志"用影像的力量保护西藏的生物"。2019年"环喜马拉雅生态博物丛书"，包括《静美的生命：高山草甸与森林植物》《森林的旋律：喜马拉雅山脉林中的鸟类》《雪域生灵：高原鱼类、两栖爬行动物与兽类》《雪山陆战队：喜马拉雅山脉较低海拔的昆虫》《美丽的绽放：喜马拉雅山脉的特有花卉》《高原飞翼：喜马拉雅山脉普遍分布的昆虫》《空中领主与掠浮艳影：高原猛禽与湿地鸟类》主编。

彭建生（洛桑都丹）

长期在青藏高原与横断山区从事影像生物多样性调查，开展生态旅游研究与实践。TBIC主要摄影师、作者。香格里拉旅行社有限责任公司董事长。香格里拉摄影家协会副主席。香格里拉高山植物园理事。鸟网高级顾问兼生态摄影高级培训师。华中师大生命科学院客座教授。

与潘发生教授合著《横断山"三江并流"腹地野生观赏植物》，与韩联宪教授合著《纳帕海的鸟》《普达措国家公园观鸟手册》，与牛洋、王辰合著《青藏高原野花大图鉴》。

刘渝宏

1995年夏，于西藏接触绿绒蒿以来不知不觉中成为了绿绒蒿痴迷者，至今仍初心不改，矢志不渝独钟情于绿绒蒿。现就职于东京中方国资企业。2015年以来，利用假期行走于川滇藏甘等地，寻觅绿绒蒿之倩影成为余生终极目标。日本绿绒蒿研究会成员。

徐 波

中国科学院昆明植物研究所植物学博士，西南林业大学讲师。

从事石竹科无心菜属（Arenaria）及罂粟科绿绒蒿属（Meconopsis）分类；以及喜马拉雅—横断山区高山冰缘带植物多样性研究。

曾多次参加植物学综合考察，中（中国科学院昆明植物研究所等）—美（哈佛大学等）横断山区植物多样性联合考察等；也曾多次带队开展青藏高原高山冰缘带植物多样性考察，包括两次"珠峰东坡—嘎玛沟"徒步科考；累计采集高山植物标本近万份，发现新类群10余种。著《横断山高山冰缘带种子植物》一书。曾主持国家自然科学基金项目"中国产石竹科无心菜属（Arenaria）的分类学研究"。参与拍摄纪录片《影响世界的中国植物》《花开中国》等。

董 磊

在西南交通大学建筑与设计学院任教，西南山地艺术总监、《缤纷自然》纪录片导演/合伙人、自然野趣自然教育工作室签约讲师、云山保护（大理白族自治州云山生物多样性保护与研究中心）理事、野性中国——中国野生动物摄影训练营教师、英国自然影像图库NPL(Nature Picture Library)签约摄影师、自然纪录片《寻找最后的穿山甲》制片人、《蜀山之王——贡嘎山》导演。

余天一

北京林业大学环境设计系学士，英国皇家植物园邱园和玛丽皇后大学授课型硕士。

科普文章作者、生态摄影师和科学绘画画师，专业为植物和真菌的分类、多样性和保护。作为科普作者长期为《中国国家地理》《博物》《森林与人类》等杂志供稿，曾参加多次科考活动，摄影作品于2020年国际园林摄影师大赛（IGPOTY）获得单项一等奖。科学绘画多次参加画展，于2014年中国国家地理自然影像大赛获得手绘自然组银奖，2017年第19届世界植物学大会获得中国植物艺术画展银奖，现为《柯蒂斯植物学杂志》（*Curtis's Botanical Magazine*）供稿画师。

陈尽虫

毕业于中国农业大学植物保护专业，主修昆虫学。富有热带雨林探险经验，拍摄野生动植物达10年之久。曾三次进入西藏参与生物影像拍摄。已参编或主编多本生态科普类书籍，如《奇妙大自然》、《昆虫生态大图鉴》、"环喜马拉雅生态博物丛书"、《酷虫野趣　蜻蜓》等。

耿 栋

自然纪录片导演、自然摄影师、自然地理撰稿人。

自2002年起拍摄中国野生动物，2004年起重点关注中国西部和西南部的生物多样性，2005年创办西南山地工作室；影视作品有：短片《丛林之眼》（导演）；电视纪录片《熊猫列传》（10集总策划）；央视播高清纪录片《雪豹》（野生动物导演）；北京纪实频道纪录片《自然北京》（导演、摄影师）；加拿大10集自然纪录片《秘境湄公河》（中国部分摄影指导）。

沈鹏飞

导演，撰稿人。1985年生。2012年开始参与到TBIC的西藏生物影像考察与图书出版工作。长期在中国西部边疆及世界各地进行人文自然题材的纪录片、纪录电影创作、图书撰稿等出版工作。以导演及制片人身份与日本放送协会(NHK)等国际机构在中国进行大型纪录片创作工作。

吴 为

探险家、自然摄影师。

1993年参加长江正源沱沱河探险；1994年参加长江南源当曲漂流探险；2006年参加长江南源当曲探险。自驾探险几乎走遍云南、四川、西藏、甘肃等藏区。

陈俊池

登山家、自然摄影师。

登山经历：1999年，青海玉珠峰东南山脊；1999年，新疆慕士塔格峰；2000年，西藏宁金抗沙峰（未登顶）；2000年，新疆博格达峰；2000年，西藏桑丹康桑峰；2001年，西藏姜桑拉姆峰；2002年，四川雪隆包峰；2003年，启孜峰；2003年，西藏珠穆朗玛峰；2003年，阿根廷阿空加瓜峰；2004年，南极洲文森峰；2004年，四川四姑娘山幺妹峰。

刘康明

摄影师。

擅长摄影、探险。1994年参加过长江探险漂流，首漂长江南源当曲。

多次上过长江源头、黄河源头、澜沧江源头。2005年随中国科学院科考队穿越可可西里，获中科院颁发的特殊贡献奖。

潘华鹏

西藏特种旅游向导，"藏二代"。1997年旅游日语专业毕业，藏语是第二母语。生态摄影师。并长期进行西藏历史、文化、藏传佛教方面研究。

江 冲

《环球少年地理》(《美国国家地理》少儿版）杂志编辑，毕业于北京师范大学自然资源专业，多年来专注于地理、自然类科普杂志及图书出版，致力于用优秀科普读物为孩子打开自然之门，使孩子在探索中收获勇气、学会爱。论文及编辑作品曾获中国少儿报刊协会"六一奖"论文一等奖及好作品编辑奖二等奖、三等奖等。曾为"环喜马拉雅生态博物丛书"、《物种100·生态智慧（湖北卷）》《国外典型区域开发模式的经验与借鉴》、《资源开发地区转型与可持续发展》、《国家可持续发展实验区建设管理与改革创新》等图书撰稿。目前，已累计在中文核心期刊发表论文10余篇。

李 直

自由撰稿人，多年从事图书编辑撰稿工作。心中有诗，向往远方。

熊 娟

《世界之巅》纪录片导演。2010年获得武汉大学艺术设计硕士。2013年，实验短片《CODE 4》入围北京独立电影节。2014年，影片《幸福签证》入围光影纪年中国纪录片学院奖。2015年，作品《Drink》获得周传基国际电影大赛决赛第三名。2016年，作品《幸福的黄手帕》入围金熊猫国际纪录片节。2017年，远赴非洲参与野生动物保护工作。2018年，参加西藏TBIC环喜马拉雅生物影像调查，并完成纪录片《世界之巅》。2019年，作品《第三极的呼吸》入围广州国际纪录片电影节及新鲜提案。

杨 民

西藏职业高山摄影师。西藏未止探险旅行创始人。著名高质量影像素材网站8Kraw的签约摄影师。常年活跃在喜马拉雅山区。

设计总监 **卢健辉**

平面设计 **梁健聪　梁嘉杰**

插画师 **李聪颖　郭　牛**

鸣谢

合作伙伴

上汽通用汽车雪佛兰品牌　西藏圣山公司　广东天浪广告

专业学者及 TBIC 团队（排名不分先后）

吉田外司夫　中村保　张劲硕　尼玛次仁　苏洪宇　张巍巍　冯利民　牛洋　阙品甲　李晟
罗浩　刘渝宏　彭建生　董磊　徐波　余天一　陈尽虫　熊娟　耿栋　沈鹏飞　吴为　陈俊池
刘康明　潘华鹏　扎西平措　次仁桑珠　扎西次仁　格桑占堆　达瓦桑布　徐佳瑛　虞鸣
潘振国　金雷　李银素　李泽刚　汪凌　覃江华　齐硕　卢健辉　梁健聪　梁嘉杰　李泽建
袁峰　王余杰　张浩淼　吴超　王建赟　陈卓　梁红斌　刘漪舟　史宏亮　计云　黄正中
黄贵强　王兴民　白兴龙　杨玉霞　赵明智　李彦　林晓龙　姚刚　孙文浩　韩辉林